[波]沃伊切赫·吉尔 著

赵 祯／袁卿子／许湘健／张 蜜／白锌铜／吕淑涵 译

—自然观察探索百科系列丛书—

森林大百科

四川科学技术出版社

引言

　　森林是一座天然的大宝库，它是很多动物与植物的家园、氧气的天然制造厂。森林赠给我们很多生活必需的物品，它对人类的好处多得几天几夜也说不完，很难想象人类文明如果少了森林会怎么样。这本书对于森林探险者，菌类、鸟类和森林植物爱好者，以及想要探索森林的读者来说都意义非凡。我衷心地希望，我在这里和大家聊的这些知识，能让你们理解林业工作者的劳动，并激发大家对于森林——这个我们共同的自然宝库进一步探索的欲望。

目录

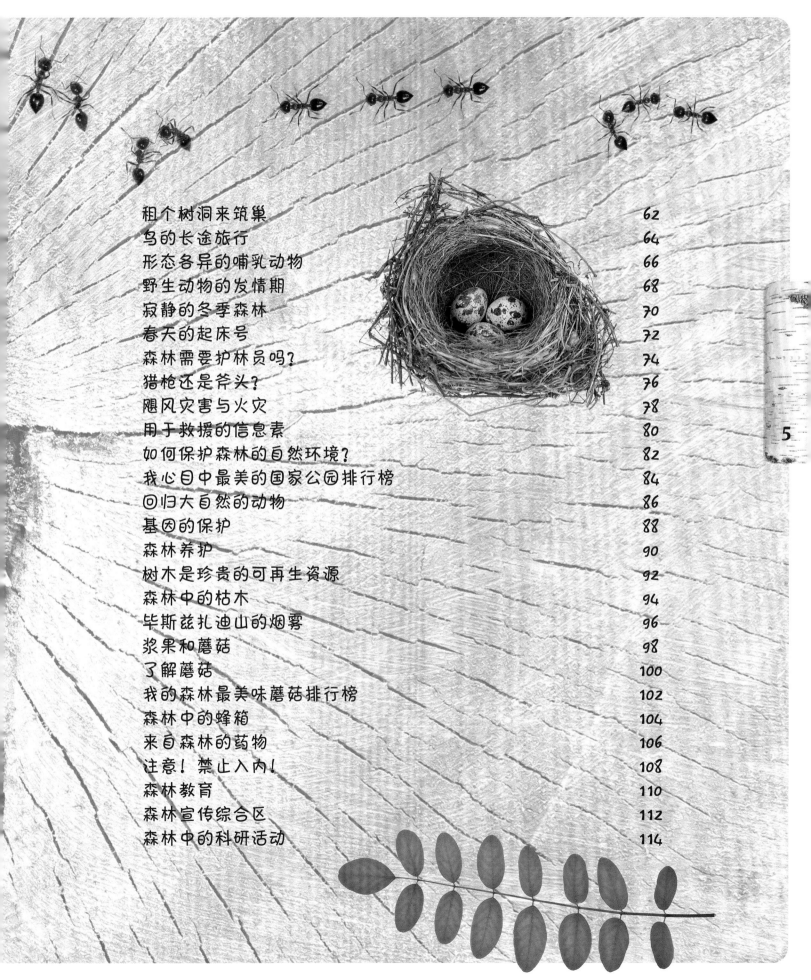

如何成为一名护林员

你看过扬克札斯基写的《佛伊泰克是如何成为一名护林员的》这本书吗？书里讲述了一个来自村庄的男孩的故事。他在火灾中见义勇为，并实现了自己的梦想——成为一名护林员。这个故事让我想起了我与护林员们的那些过往。可以说，火灾在其中扮演了重要角色。

故事是这样的

在某个炎热的夏日，我所在的村庄附近的森林着火了。住在附近的居民和赶来的消防员一起把火扑灭了。被烧焦的树木看上去十分凄惨，但幸运的是，火势还不大时火就被扑灭了。身着绿色制服的护林员们站在被烧焦的树木中间，讨论着如何恢复这些受损树木的生机。他们在讨论中用的词汇，比如自然再生、回填、整地等等，对于当时的我而言，仿佛是密语。就在那个时候，我产生了这样的想法——深入了解更多森林的知识，也许是件挺有趣的事。

知识小贴士

如今年轻的林业爱好者开始学习有关森林的知识要比我早得多。结束了基础性的课程以后，他们可以选择去各地的林业技术学校学习。这其中的许多学校都有着悠久的历史，并且坐落在著名的森林地区，比如波兰的比亚沃维耶扎原始森林、图霍拉森林等。

受到家庭的影响？

我的许多同事都来自于"森林世家"。他们的爷爷或父亲就是老一辈护林员，他们就在这样的家庭中长大。我家唯一和森林有点联系的是我的叔叔——一位热衷于打猎的猎人。另外，还有我的生物老师——当地一位护林员的妻子，她能够出色地介绍各种森林知识。除此之外，在我的家庭藏书中，也有许多关于动物、植物和森林的书籍。它们之中隐藏着一个迷人而充满神秘色彩的世界，等着我们去发现。这一切都对我有着巨大的诱惑。在高中时代，我花了许多课余时间去拍摄植物、观察鸟类或是用捕虫网去捉蝴蝶，那些标本和照片现在仍然保存在我的办公室里。高中毕业后，我就开始了在林业学院的学习。

在哪里学习？

高中毕业以后，我想报考林业学院。当时有三所大学的林业学院可以选择，它们分别在波兰的波兹南、克拉科夫和华沙。对我来说，最合适的当然是离我家最近的华沙生命科学大学。这三所大学的林业学院每年都培养出大批的林业人才。除此之外，还有许多高等林业学校，因此，对于那些想要深入探索森林奥秘的学生而言，选择面是很宽的。我相信中国的学生们也是这样的，在本书中我仅以我个人在波兰的情况为例。

林业学习

和我那些毕业于林业职业学校的同事不同，最初我感觉从事森林研究前途有些渺茫，并且技术含量不高，但事实证明这还是挺有技术含量的。有句话说得很有道理："越深入了解森林，就发现有越多需要你去了解的秘密。"除了掌握一般学科知识，例如生态学或森林植物学的知识之外，还有一些领域你必须熟知，它们的名称听上去有些奇怪，例如"森林规划""森林利用""造林"等。

知识小贴士

从林业学院毕业以后，能干什么工作？最容易想到的就是到国家林业局工作。波兰的国家林业局是一个历史悠久的部门，建立于90多年前，管理着波兰境内绝大多数森林。

Lasy Państwowe

工作的选择

林业专业毕业的学生可以选择在与林业相关的民营企业，或与自然环境保护相关的机构里从事实际应用工作，比如国家和地方政府管理的国家公园和景观公园；也可以选择在研究机构里从事理论研究工作，比如大学或森林研究所。我选择了后者，并且从没后悔过。

知识小贴士

每年从林业专业毕业的学生数量要大大多于本专业能提供给他们的工作岗位数量，只有那些最优秀的学生才能找到对口的工作，所以，在大学学习时应该投入更多努力。

我们为什么需要森林？

对于这个问题，很多人会这样回答：为了蘑菇，为了浆果，为了能在那里跑步和散步。有些人还会加上：为了保持水土，维持气候稳定。其实，森林的重要意义不仅是对个人而言，也是对自然环境而言的。我们感恩森林的存在，因为它不仅能让我们享受到采蘑菇的乐趣，还给我们提供了一个好的自然环境。

保护与生产

研究者将森林的功能分为三种：生产性、生态性和社会性。有时，它们之间的界限没有那么清晰。森林最重要的生产性功能是为人们提供木材。木材这种奇妙的材料值得专门写一本书来介绍。值得一提的是，现在波兰的森林（包括公有和私有森林）每年能提供大约3 500万立方米的木材用于各种行业——从纸张的生产到木建筑的修建。

知识小贴士

1公顷山毛榉树林每年能够处理多达70吨的灰尘，这也是为什么森林中比外界的灰尘少很多的原因。森林所具有的独特清香，来源于植物们分泌的精油和植物精气。

森林生产除了木材生产，还有非木材生产，有时也被称为"副产品"生产。在本书中，你会见到蘑菇、浆果和其他森林水果，还有圣诞树、树脂、森林蜂蜜、药用植物和许多其他产自森林的商品

森林的生产性功能与社会性功能密切相关：采伐、加工和销售木制品，这些社会活动为成千上万的人提供了工作

知识小贴士

你知道吗？1公顷山毛榉林里生长着大约100棵树木，每天蒸发到大气中的水分约有50 000升！

水资源的仓库

森林在地球的水循环中扮演着重要的角色。首先，树木会吸收水分，同时也会产生大量的水蒸气。在大气中，水蒸气冷凝并以降雨降雪等形式回到地球上，为土壤提供水分。树木、枯枝落叶以及地被植物存储着大量的水分，成了水资源的仓库。据估计，1平方米的森林土壤可以存储多达200升的水分。

净化水资源

森林在净化水资源上也起着重要的作用。它能够对各种因化学、微生物等因素而被污染的、对人体有害的水资源起到一定的净化作用。

减少噪声污染

森林的存在有其他好处吗？有，它是很好的噪声吸收器。宽度为150米的林带可以将交通噪声降低到原来的1/4，只剩下20分贝左右。

光合作用

碳的储藏室

现在让我们来看看森林的生态性功能（也称为保护功能）。数以万计的树木通过光合作用产生有机物质和氧气，吸收大气中大量的二氧化碳，使得碳元素实现了在生物圈里的循环。正因如此，森林缓解了二氧化碳引起的大气温度上升（也就是所谓的温室效应）。与森林"相关联"的二氧化碳不会对环境造成威胁。据统计，森林中的碳储藏量超过整个陆地碳储藏量的一半。

供人旅行和放松，是森林最常被提到的社会性功能

生产氧气，净化空气

光合作用的产物之一是氧气，这是大多数地球生物生存所必需的。森林作为氧气的"生产者"，对于我们这个星球上的生命而言是如此重要。除此之外，森林中的树木还像天然滤网一样净化空气。灰尘沉积在叶子上，然后直接或者跟随落叶一起掉落，进入土壤。

9

绿色空间

从一个大的视角来看地球，我们不难发现，地球表面大部分区域都是水，而在陆地上，最显眼的地形之一便是森林。地球上森林的覆盖面积约为40亿公顷，占陆地面积的30%，其中也包括竹林和浓密的灌木丛。

非洲的森林覆盖率

非洲的森林覆盖面积（6.74亿公顷）约为其大陆面积的23%。在这块大陆上，各个国家的森林覆盖率差异很大。有些国家以沙漠为主，例如利比亚和埃及，森林覆盖率不到1%，而那些位于赤道的国家则拥有较高的森林覆盖率。就森林覆盖率而言，非洲的最高纪录保持者是加蓬共和国，森林覆盖率为84.5%。

亚洲和太平洋地区的森林覆盖率

在亚洲和太平洋地区，森林覆盖了18%的地表面积，它们生长在740万公顷的土地上。其中，森林覆盖率最高的是西太平洋岛国密克罗尼西亚联邦，那里的森林覆盖率高达92%！在森林覆盖率上脱颖而出的还有不丹、日本和马来西亚（都高达60%以上）等国。中东国家很少有森林，比如卡塔尔就几乎没有森林。中国的森林覆盖率达到了23%，虽然仍低于全球平均水平，但却是世界上少数几个近年来森林面积持续增长的国家之一。

欧洲的森林覆盖率

欧洲以及俄罗斯位于亚洲的地区的森林覆盖率达44%，也就是说超过10亿公顷，其中80%的森林位于俄罗斯。在欧洲大陆上，森林覆盖率最高的国家是芬兰（74%）和瑞典（54%）。森林覆盖率超过40%的国家有：奥地利、波斯尼亚和黑塞哥维那、爱沙尼亚、拉脱维亚、列支敦士登、葡萄牙、俄罗斯、斯洛伐克和斯洛文尼亚。其中，爱沙尼亚、拉脱维亚森林覆盖率都在50%以上，斯洛文尼亚在60%以上。

非洲热带雨林

亚洲热带雨林

欧洲森林

根据2010年的统计数据，森林覆盖率低于1%的有14个国家，其中最低的三个国家是利比亚（0.1%），阿曼（0.05%）和卡塔尔（0.05%）

美洲森林

美洲的森林覆盖率

　　拉丁美洲树木繁茂，森林覆盖率高达49%。美洲的大多数森林位于巴西、秘鲁、哥伦比亚、玻利维亚和委内瑞拉。北美洲拥有34%的森林覆盖率，其中绝大多数森林位于加拿大和美国境内。

知识小贴士

　　波兰的森林分布并不均匀。森林覆盖率最高的地区是卢布斯卡省，高达49%，喀尔巴阡山省（38%）和滨海省（36%）也不低。在农业发达地区以及城市密集处森林覆盖率较低，例如罗兹省（21%）、马佐夫舍省（约23%）和卢布林省（约23%）。

森林面临被砍伐的危机

　　一个令人震惊的事实是，地球上的森林面积正以超过500万公顷/年的速度减少。其中，被砍伐最多的森林位于世界上最贫穷的地区——南美洲和非洲。在这样的大背景下，只有欧洲和亚洲这两个大陆，近几年间森林覆盖率还略有上升。在这方面，中国是佼佼者。由于政府的倡议，中国的森林面积在近几年平均每年增加约400万公顷！

与其他国家相比，波兰怎么样呢？

　　相当不错。在波兰，森林面积超过了900万公顷，约占波兰领土面积的30%。在欧洲，拥有更大森林面积的国家只有乌克兰、德国和法国，以及斯堪的纳维亚半岛的挪威和瑞典。

■ 最小森林覆盖率

■ 最大森林覆盖率

11

与其他国家相比，波兰的森林覆盖率是相当不错的

原始森林

原始森林是未经人类开发的森林。在欧洲，并没有任何一片大型的森林符合原始森林的所有要求。即使是波兰众所周知的比亚沃维耶扎原始森林，也只在很小的区域内有一些真正原始森林的自然特征。那些通过自然演化形成原始森林特征的森林，过去也曾被人类在一定程度上开发过，这样的森林，科学家称之为"自然形成的"，而非"天生形成的"。

让我们一起寻找地球上的原始森林

在欧洲的高海拔地区仍然可以看见原始森林，比如在阿尔卑斯山脉和喀尔巴阡山脉。原始森林是国家公园和自然保护区最常见的景致。科学家估计，在欧洲大陆上，原始森林的面积约占所有森林面积的0.5%，并且斯洛伐克、斯洛文尼亚、阿尔巴尼亚和保加利亚这些国家最常见。

比亚沃维耶扎原始森林

知识小贴士

在地图上，我们仍然能找到很多被称为"原始森林"的地区，但这些名称并不能完全反映这些森林的自然特性。不过，这可以算是历史上的参考资料，表明这里自古以来就有广袤的原始森林。经历了时间的洗礼，这些森林因为受到人类越来越多的干扰而逐渐失去了它本来的样貌。

若要寻找真正的原始森林，我们不得不去其他的大陆，例如在赤道附近的非洲和南美洲

地图上的绿色

尽管随着文明的发展，波兰的森林面积正慢慢减少，但是波兰仍然拥有许多让人惊叹的森林体系。让我们一起来了解其中的一些。

在波美拉尼亚，图霍拉森林"统治"着数万公顷的土地。其中一部分位于保利图霍拉国家公园内。在这些森林中，欧洲赤松是优势树种

图霍拉森林

下西里西亚森林

一些非常茂密的森林位于波兰西南部和西部。它们是超过15万公顷的下西里西亚原始森林地区和占地12万公顷的诺泰奇原始森林地区

克内申森林

波兰东北部，在许多湖泊和河流的环绕下，伫立着许多原始森林：奥古斯特森林（10.7万公顷）、比萨河森林（10万公顷）、克内申森林（约6万公顷）和在边境处的比亚沃维耶扎森林（近6万公顷）

另一片非常茂密的森林是索勒斯卡原始森林，它在罗兹托彻山脉和比乌戈拉伊平原地区绵延，面积约为12.5万公顷

森林覆盖了山区的大部分面积，尤其是喀尔巴阡山脉，在那里云杉、冷杉和山毛榉是主要树种。在这些区域存在着最密集的国家公园，用于保护这些珍稀的森林自然资源

山区森林

令人惊叹的多样性

谈到多样性，就不得不提到各种数字。做好准备，本章将主要介绍与多样性有关的数字。就生物的多样性而言，森林是毋庸置疑的大赢家，草地、田野、林地以及其他的生态系统都被它远远地甩在身后。在森林里，约有地球上30%的植物种类、60%的动物种类和80%的菌类。仅波兰的森林中就有超过3.5万种动植物物种。

森林植物群落

植物群落

在波兰，约有500种不同的植物群落，它们由独特的物种组成。其中，超过50种群落属于森植物群落。虽然这只占全部植物群落的10%，但们却占据了最大的国土面积，要知道，波兰国土积的30%都是森林。

知识小贴士

栖息在波兰的95种哺乳动物中，有60种生活在森林里。它们当中既有体型较大的野牛、马鹿、熊和鹿，也有体型较小的鼩鼱和老鼠。

动物：哺乳动物和鸟类是我们最熟悉的

当我们需要列举一些森林动物的名称时，常常会想到哺乳动物或鸟类。事实上，由于其多样性以及容易观察的特性，脊椎动物的确是我们最熟悉的。例如鸟，就有足够多的种类。波兰的森林里有超过120种的鸟类，占到了波兰鸟类品种的一半以上。

植物：以树木为主

森林的主要组成元素当然是树。波兰约有40种乡土树种，其中有7种是针叶树。

动物：两栖类和少量爬行类

在波兰的森林中，栖息着波兰绝大多数爬行动物物种（10种中的6种）和相当大一部分两栖类动物（18种中的8种）。

动物：数量最多的昆虫

在波兰的森林中生活着超过2万种动物，其中大多数是昆虫。当然，它们的大小、形态和生活方式都不尽相同。最广为人知的森林昆虫是甲虫（约3 000种）和蝴蝶（2.4万余种）。

6种
爬行动物

40种
乡土树种

8种
两栖动物

900种
苔藓植物

植物

在波兰，约600种维管植物（蕨类、裸子和被子植物）中有超过200种的受保护物种。比维管植物更多的是不太知名、也不太起眼的苔藓植物，有超过900种。存在于森林中的蕨类植物就要少得多了，大约只有35种。

真菌类

真菌类，现在被认为是一种单独的生物群体，波兰有超过1.4万种知名的种类。据估计，在大型真菌中（它们的"果实"经常存在于我们的垃圾桶中），约90%与森林体系有关。因此，如果想要获得大量种类的真菌类，那就必须去森林了！

森林是怎样形成的？

人工林

过去，人们从森林中获取木材，并不需要担心新木材的生长，大自然自己能够完美地解决这个问题。在当代森林农业中，许多新的森林是在一个人为圈定的区域内，由人工培育的树木生长起来形成的，这就是所谓的人工林。树木的幼苗被排列成整齐的行列，这种人为种植的手段常常被自然学家诟病，但我个人很喜欢人工林。我常常想象，几十年后它们会长成什么模样。

自然再生

成熟的种子从树上掉落，自然而然地成长为新的树林，这样的过程我们称之为自然再生。然而，林农不能单纯依靠大自然的力量，因为小树苗成长为大树需要不止一年的时间。除此之外，干旱和霜冻也可能会威胁小树苗的生长。

由旁枝形成的森林

某些种类的树木，例如桤木和橡木，可以由旁枝形成新的树。一开始旁枝会长得非常快，因为树木要依靠这个阶段长出完整的根系。20~30年后，生长速度会放缓。

成千上万的种子

为了繁殖后代，树木会产生数量众多的种子。1公顷山毛榉树林可以产生8吨种子，约300万颗！这与树木的生存策略有关，因为种子常常是动物们的美味佳肴，考虑到很多种子会被吃掉，所以树木必须产生大量种子来保证物种的延续。

自然再生的云杉林

旁枝

桤木的种子靠水流传播

山毛榉的坚果

松果

知识小贴士

一些树木的种子可以传播相当远的距离。在种子的传播过程中起主要作用的三个因素是：风、水流和动物。

靠水流传播的种子

水是种子的绝佳运输者。桤木和白蜡树很喜欢使用这种传播方式，也正因为如此，它们常常生长在潮湿的地区。

靠风力传播的种子

种子最常见的传播方式是借助风。为了方便风"工作"，有的种子（或果实）长着特殊的"翅膀"。重量不轻的枫树果实一般配有几厘米长的"大翅膀"。相比之下，榆树果实的"翅膀"要小一些，桦树和桤木的更小，因为它们的果实很轻。成熟的云杉、松树、冷杉和落叶松的球果都呈圆锥形，带有一层层的鳞片，它们的种子也都有一个细长的"翅膀"，这大大增加了它们被风传播的机会。

松鸦和橡树果实

靠动物传播的种子

体积较大的种子靠其他方式"旅行"。橡树的果实，直接掉落在树梢的下方。橡树种子靠那些把它们视为美味的森林动物来进行传播。例如，松鸦常常把橡树果实藏在枯枝落叶下方以便慢慢享用，但它们有时会忘记自己藏起来的这些美味，于是春天的时候，这些橡树种子就发芽了。灌木的种子也常常利用动物进行传播。这些植物的果实大多很美味，受到许多鸟类和小型哺乳动物的青睐。在森林偏僻的角落，这些动物把未消化的种子从体内排出，使得黑刺李、山茱萸等的种子长成新的树木。

向我展示你附近的森林，我就能说出你所在的地区

森林的模样取决于气候条件和它在地球上的位置。对于住在赤道附近的巴西人而言，森林是一个多层次的系统，在那里，每公顷土地上常常生长着100棵不同品种的树；而对于居住在俄罗斯西伯利亚地区的人来说，森林常常是由2~3种林分组成的单层系统。从极地到赤道，各个地区的气候条件不尽相同，但位于同一纬度的森林通常有着相似的模样（当然，这和海拔高度也有关系）。比如加拿大人来到俄罗斯的针叶林会觉得仿佛回到了家乡；对于俄罗斯人来说，加拿大的森林也同样如此。

地球的气候带决定森林的模样

地球气候带最简单的划分是：热带地区在赤道附近，受热带气候和亚热带气候控制，温带气候在热带地区和南北极圈之间的地区出现，而寒带气候则出现在南北极圈里面的地区。

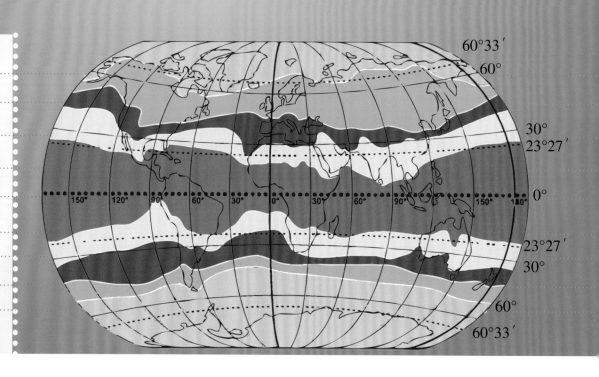

极圈以内地区	
温带地区	
亚热带地区	
热带地区	
赤道地区	
赤道地区	
热带地区	
亚热带地区	
温带地区	
极圈以内地区	

60°33′
60°
30°
23°27′
0°
23°27′
30°
60°
60°33′

150° 120° 90° 60° 30° 0° 30° 60° 90° 150° 180°

赤道上的丛林

从赤道向两极移动，我们首先看到的是热带雨林和常绿阔叶林，接下来是温带落叶林，它们在干燥的季节会落叶。

知识小贴士

地球上不同气候带地区最主要的地形不一定是森林。比如在温带气候地区，一些地方没有足够的水分，就会形成草原、半沙漠和沙漠。

地中海森林

在地中海沿岸地区以及其他相同纬度的地方形成的温带常绿阔叶林，称为地中海森林。

19

温带常绿阔叶林

森林类型以组成类别来划分

在不同的地方有不同类型的森林，这是因为各地有相对不同的气候，适合不同种类的树木生长，这会影响森林的类别。

温带落叶林

从地中海地区往北，逐渐过渡为温带落叶林，这也是中欧的主要植被类型。

针叶林和冻原

在北方，我们更熟悉的森林是针叶林，而靠两极更近的地方有无树的区域，我们称其为冻原。

在山间小路上

山区的植被随着海拔高度而变化，这样的现象和植被随着纬度变化的原理相似。只是高度差不大的时候，变化没有那么明显，在山区通常需要相差几百米的高度才能看出植被的变化。

保护林

在山区生长的森林不适用于生产木材。它们有着更加重要的作用——保护土壤，使土壤在雨季不受到雨水的过分侵蚀，也不被风、山崩以及山体滑坡所破坏。

山区的植被
（以波兰塔特拉山区为例）

岩石
悬崖层面
海拔2 300米以上

高山草原
山区牧场层面
海拔1 800~2 300米

灌木
矮山松层面
海拔1 550~1 800米

针叶林
高山地带层面
海拔1 200~1 550米

混合森林
低山地带层面
海拔800~1 200米

耕地
山麓层面

知识小贴士

生长在林线之下、波兰面积最大的云杉林，位于波兰最高的山区——苏台德山区和塔特拉山区。它们中的很大一部分生长于保护区及国家公园里，比如塔特拉国家公园、巴比亚山保护区以及克尔科诺谢保护区。

山麓森林

山地云杉林

恶劣的山地条件

高山地区的气候条件很恶劣，一年的大部分时间都被白雪覆盖，低温和强风盛行。山坡越陡峭，土壤越浅，大多数植物无法在这样的条件中生存。只有云杉、石松和变异的花楸可以适应这样的艰苦条件。

山麓层面

即便是毫无经验的游客也可以很容易地识别出山区不同的植被层。海拔最低且植被类型区别最大的是山麓层面，这里有最茂密的森林，生长着各种各样的树木，如橡树、冷杉和山毛榉。

低山地带层面

在海拔400~600米之间，依赖于山地山丘，广泛分布着山毛榉丛林。我们将这样的地方称为低山地带层面。这个层面的高处边界在苏台德山是海拔1 000米，而在克尔科诺谢山是1 250米。苏台德山和克尔科诺谢山的山毛榉丛林里也生长着其他植物，如冷杉、云杉、落叶松、悬铃木、榆树和其他的落叶树种。

高山地带层面

山区上部主要的植被是云杉。在波兰，云杉针叶林主要分布在塔特拉山和克尔科诺谢山。

矮山松层面，牧场层面，悬崖层面

在高山地带的上方是森林地带最高的边界。离它越近，森林就变得越稀疏。在这个边界以上的地方生长着矮山松灌木丛（也被称为亚高山地带灌木丛）。除了矮山松层面以外这里还有高山牧场层面和悬崖层面（在波兰只有塔特拉山有）。再往高处走，我们能看到的就只有……蓝天了。

生长在别尼那山区最高峰索克里采的松树

酷刑轮，小矮人，弯曲木材

人们用这些词语来形容山区里那些枝干弯曲、向一个方向生长、布满皱痕的树。在森林边界上的云杉看上去不像山里那些健康的杉木。它们中的一些被山里强劲的风吹得弯曲。山里的风一般从西面吹来，这就使得向西生长的树枝渐渐退化消失，只留下向东的枝干。

山毛榉丛林

矮山松层面

森林大家庭

如果不考虑人类的影响，一个地方的森林以及森林群落的样貌是由当地的气候及土壤条件决定的。条件越有利，这个地方的森林就越茂盛，物种越繁多。

知识小贴士

同一种树在不同的栖居地以不同的方式生长。我们可以比较一下生长在贫瘠土地里的矮小松树和那些生长在肥沃土地上的相同种类的松树。在100年树龄时，它们的高度差甚至可以达到30米！

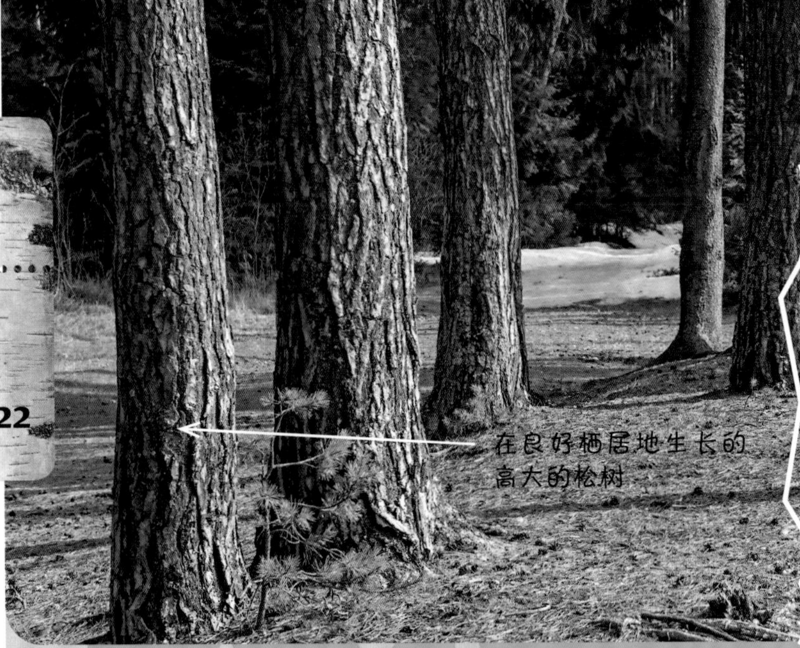

在良好栖居地生长的高大的松树

在恶劣条件生长的老松树

针叶林，就是树叶像针的树林

在最贫瘠的环境中生长的森林是针叶林。针叶林中最多的是松树和云杉，也掺杂了一些为数不多的桦树和山杨。由于土壤的湿度和水分条件的不同，针叶林的生长环境可能是干燥的，也可能是非常湿润的，甚至可以是湿地。在波兰的森林中有60%以上是针叶林。

针叶林，就是树叶像针的树林

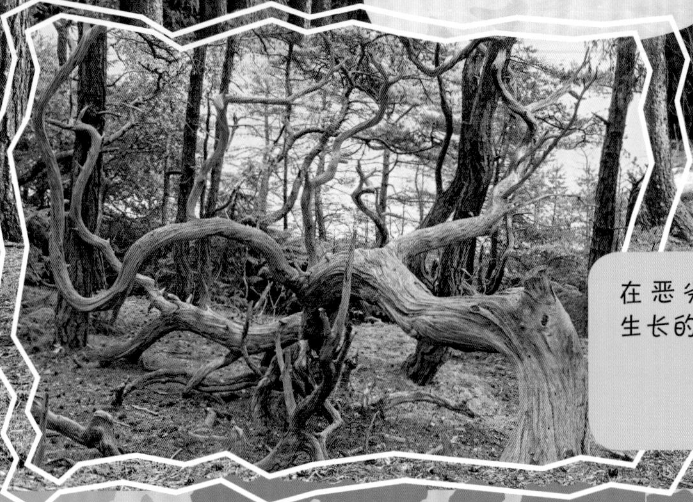

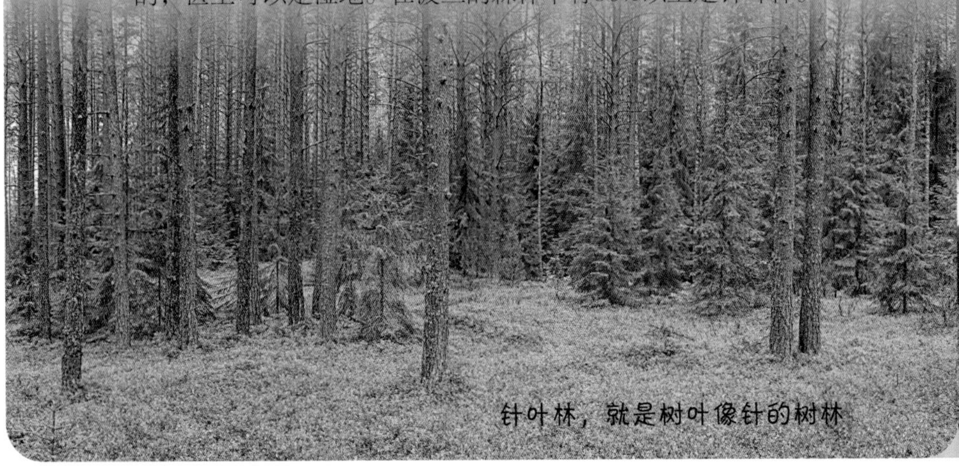

混合针叶林

在比较肥沃的土地上我们可以看到混合针叶林，这里有树叶比云杉和松树更大的树木，最常见的是橡树、山毛榉和桦树。针叶林的地面通常生长着很多灌木（如石楠）和真菌（如牛肝菌），在最干燥的地方则生长着地衣。越是肥沃的地方，地被植物生长得就越茂盛。

混合针叶林里的地衣

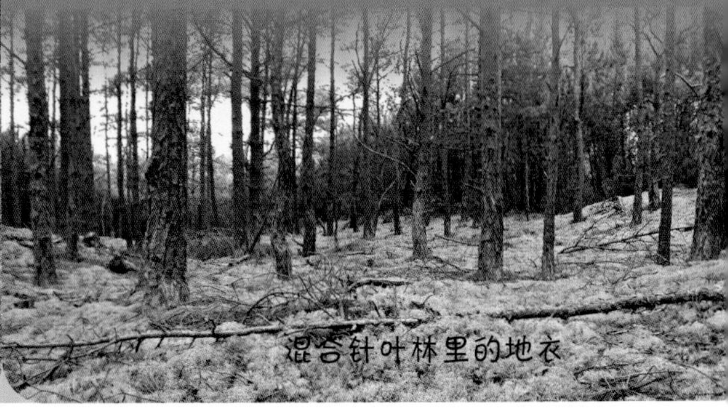

知识小贴士

生长在湿地针叶林里的松树有十分明显的特点，相比于一般松树，它们在外形上更小更矮，树干更细，然而它们的树龄却常常让人震惊——只有12米高的具有伞形树冠的松树，树龄可能超过了100年！

湿地上的松树

河岸林

河岸林是欧洲森林类型中植物种类最多的，其种类繁多的植物群和动物群可以和热带雨林相媲美。在波兰的森林中，天然的河岸林所占的面积并不大，它们通常在河流和溪水边。河岸林中较多的植物有榆树、橡树和白蜡树。

多层丛林

在波兰的高海拔和低海拔地区，都生长着名为多层丛林的森林。这是物种最繁多的森林之一，特点是有多层的植被结构及独特的地被植物。

河边的河岸林

多层丛林

护林员敏锐的眼光

护林员在森林里工作，他们必须有完美的方向感，还要了解树木的栖息地。他们需要靠自己的眼光判断森林的特征和栖息地类型。经验丰富的护林员只需要看一眼就可以判断出来。判断栖息地的基本要素是：土壤、地被植物、树和灌木的种类。

混合丛林

比混合针叶林树种更丰富的是混合丛林，它们有相同的湿度条件。在混合丛林里最常见的是落叶乔木，不过你也可以发现几乎所有的森林植被类型，甚至是带刺植物。

秋季的混合丛林

在湿地和沼泽里

我喜欢手握相机沿着泥炭沼泽的岸边散步。在这里你可以遇到许多有意思的植物，它们只生长在这里。你也可以抬头观察飞来觅食的鸟，在清晨聆听鹤的和声，有时还可以在这里看到美丽壮观的鸟群。

鹤

泥炭是如何产生的

泥炭是由沼泽中死亡的植物所形成的，其中包括混合着各种各样矿物质的植物残体。它们在低氧的水下形成，这是泥炭形成必不可少的条件。泥炭沼泽通常在凹陷处、容易积水的区域形成。

关于泥炭的历史

泥炭沼泽对于古植物学家来说是绝佳的研究地点。古植物学家是专门从化石现有植物出发，研究地质学中过去曾出现过的植物的科学家。泥炭的层次清楚地明了它们产生的历史，最下面一层由生长于数千年前的死亡植物生成。研究中发的最珍贵最古老的植物可以追溯到1万年前。多亏泥炭沼泽，我们甚至可以研究河时期之前的波罗的海。

知识小贴士

根据科学家的判断，泥炭层在一年之内形成的厚度不超过1毫米。因此我们可以很容易地算出，超过5米厚的泥炭沼泽至少有5 000年的历史。

泥炭沼泽

知识小贴士

你知道泥炭沼泽的形成需要经历多少年吗？告诉你吧——需要几千年！

低地泥炭沼泽

泥炭沼泽的植被有不同的类型。具有最丰富的生态系统组成的泥炭沼泽是在流水的影响下形成的，它们含有来自于河水或溪流的丰富的矿物质。这些都是低地泥炭沼泽。它们的特点是具有丰富的植被，其中包括大量的芦苇、莎草和苔藓。这里最常见的树木是喜湿的赤杨和柳树。

沼泽针叶林

在泥炭表面厚实的矿层上可以形成森林。在高地泥炭沼泽上生长着沼泽针叶林，林中最常见的是松树。

高地泥炭沼泽

高地泥炭沼泽中的水主要来自于大气降水，所以它们所含的矿物质更丰富，同时水的酸性也比低地泥炭沼泽更强。

泥炭藓

泥炭沼泽最重要的植物当然是泥炭藓了，这些不引人注意的小植物是这种生态系统中最重要的组成部分。在波兰生长着各种各样的泥炭藓。它们具有积聚水分的特性，这些水分甚至可以使它们比干燥的状态重20多倍！

白毛羊胡子草、白山苔、蔓越莓、蓝莓、落叶松

泥炭沼泽里很有特点的植物是白毛羊胡子草，它们有毛茸茸的球形聚花果。它们旁边生长着许多灌木：具有浓烈香味的白山苔、蔓越莓以及蓝莓。

白毛羊胡子草

泥炭藓

知识小贴士

在泥炭沼泽里可以看到一些神奇的食虫植物：粉红的毛毡苔和狸藻。它们以苔藓和一些不小心跌入它们具有黏性的叶子里的小昆虫为食。

知识小贴士

寒冷和潮湿的气候有助于泥炭沼泽的形成。它们中的很多已经成为自然保护区，通常是罕见的高地泥炭沼泽。

白山苔

粉红毛毡苔

我们的树

树是森林中最引人注目的元素。在良好的森林条件下，一些树甚至可以长到50米高。下面的故事就是关于树的，是我最喜欢的和在森林里最常见的树。本书没有将所有的树都一一列举，因为那实在太多了，仅仅波兰本土的树种就有40多种。

赤松果

云杉果

26

欧洲赤松

欧洲赤松是中欧森林中最常见的树之一。我们几乎可以在森林的任何一个角落看到它们。不过在山里它们的数量相对较少。欧洲赤松的"果实"是松果。下图的赤松枝上长着青绿色的松果，隐藏在其中的种子需要三年的时间才会成熟。

云杉和冷杉

其他的针叶树还有云杉和冷杉，这两种树都是山区森林里十分常见的种类。云杉的针状叶更短，尾部很尖锐，可以刺伤人；而冷杉的针状叶则更薄更平，也更纤弱。长长的云杉果挂在云杉树枝上，成熟后它们向下坠落，落到地上。冷杉果则会竖立在枝头，在树枝上释放出已经成熟的种子。

云杉

落叶松

落叶松是一种特殊的针叶树，和波兰其他的针叶树不同，它会在秋天落下自己的针状叶。落叶松的针状叶细小而柔软，一簇一簇地生长。秋天的时候叶子则会变成浅黄色。落叶松是波兰生长最快的植物之一，它的松果一年就成熟了。

绿色的松果

冷杉果

赤松

冷杉

落叶松

落叶松新长出来的松果

山毛榉

生长在果柄上的橡树果实

枫树在秋天换上了美丽的颜色

山毛榉

　　波兰大多数山毛榉森林分布在山区和滨海地区。特别是在海边，山毛榉可以长到高达50米[①]，树干直径超过3米。山毛榉最大的特点是它光滑的银色树皮和椭圆形状的叶子，叶子在秋天会变成美丽的红色。山毛榉的果实是一种坚果，被称为槲果，包裹在多刺的壳斗里。

夏栎和无梗花栎

　　夏栎是最高大、最长寿的橡树之一。它们可以长到40米高，树干周长可达10米。这种橡树的种子，也就是橡实，在成熟之后会变成棕色。它们藏在小小的果壳里。另一种出现在波兰的橡树是无梗花栎，它们的橡实生长在十分短小的梗上。

挪威枫和岩枫

　　很少有像挪威枫一样秋天如此美丽的树木。它的叶子在同一时间可以具有三种不同的颜色——绿色、黄色和红色。早春时节，挪威枫也美得像一道风景，因为那时它正在开花。花朵先于叶子长出，它们黄绿的颜色让整棵树看起来"枝繁叶茂"。另一种枫树——岩枫的树叶比挪威枫的树叶颜色更深。年老的岩枫很容易与其他的枫树区别开来，因为它们的树皮已大片大片地脱落。

　　[①]本书中介绍的植物形态特征都是波兰常见品种的，不同地区、不同品种的同名植物的形态特征会有所不同。

山毛榉的叶子和果实

小叶椴

　　最后我还想介绍一种我最喜欢的树——小叶椴，在我看来，它属于最美丽的树之一。它的心形树叶到秋天会变成美丽的金黄色。椴树蜂蜜是最健康和最美味的蜂蜜之一。椴树的果实是球形的，不可食用！

知识小贴士

　　椴木是雕刻师最喜爱的材料之一，因为它们质地柔软，容易雕刻。克拉科夫的圣玛利亚教堂中，著名的雕刻作品祭坛维特斯特沃什正是用椴木所雕刻的。

椴树花

森林里的"外来者"

一些树从异域传到波兰来已经很久了，以至于我们都忘了它们是外来物种，就把它们当成土生土长的树种看待。然而科学研究表明，它们的起源地并不是波兰。它们传入波兰与人类的活动有关，人们出于对它们的外形或其他优点的喜欢，于是在波兰种下这些树。

知识小贴士

在过去的200~300年间，在人类的影响下（主要是为了生产木头、装饰品或别的用途），波兰境内的树木种类得到了扩充。现在我们认为，那些引进的种类不应该种植在保护区内，因为保护区的主要任务是保护大自然天然的特性。

七叶树的叶子

七叶树的花朵

欧洲七叶树

欧洲七叶树是波兰引进的最常见的一种树，它们常常被错误地称为"栗树"。它们来自巴尔干半岛和小亚细亚半岛。18世纪时它们已经进入波兰，从那时起它们被广泛传播，几乎每个波兰人都认识它那在5月开放的白色花朵，以及它那具有特色的种子，有人把它称为"栗子"。其实欧洲七叶树的种子并不是栗子，而且有一定的毒性。七叶树的树叶由5~7个小叶组成，图中展示的是有5个小叶的树叶。

刺槐

刺槐以散发浓郁香气的白色花朵著称。刺槐引种自北美洲。在100年前，刺槐被法国植物学家让·罗宾引入到欧洲，18世纪下半叶，波兰第一次有人种植刺槐。刺槐在6月初开花，它的种子长在深褐色的荚里，秋天成熟。刺槐蜂蜜是很有价值的蜂蜜。刺槐木也是一种珍贵的木头，十分坚硬耐用。

刺槐的种子

刺槐的花朵

刺槐的叶子

来自北美洲的枫树

梣叶槭是外来的且能够很好适应波兰环境的枫树之一。它是城市及公园绿化中常见的植物；因为它并不需要很宽敞的空间，对空气污染和干燥的气候有很好的耐受性。在城市里它还有一位"表兄弟"——银白槭也很受欢迎，同样来自北美洲。与梣叶槭不同的是，银白槭主要用于观赏，因为它们有美丽的树冠以及树叶，春夏季节在空中摇摆时构成了一道银白色的风景线。到了秋天，它们又变得五颜六色。

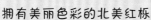

梣叶槭

北美短叶松

对生长环境要求低，对气候适应性好，是北美短叶松被引种到波兰森林的原因，在其他国家也有类似的引种。一开始人们是希望它能成材，但后来发现，尽管它生长得十分迅速，但作为木材却远不如波兰本土的松树。

北美红栎

这是一种从北美洲引种到波兰的树。波兰在14世纪初已经出现了这种树。它们与其他橡树的不同点在于它们的树叶尾部很尖，有着裂口更大、长在短梗上的橡实。秋天时，它的叶子会变成独一无二的火红色。

花旗松

花旗松，又叫道格拉斯冷杉，在林业学家眼里是波兰引进的最好的植物。它们来自北美洲，属于最高的树种之一，可以生长到100米高。它们在波兰的环境条件下长不到这么高，但也远远超过了本地树木。1827年，苏格兰植物学家道格拉斯将它引入欧洲。

拥有美丽色彩的北美红栎

花旗松

不一样的球果

我在自然博物馆里看到过它们，那里收藏着各种各样的球果。它们在外形、大小甚至颜色上都有很大的区别。

石松球果　　　　冷杉球果　　　　云杉球果

球果是木质的"果实"

球果是含有植物生殖器官的结构，它们产生于雌球花。我们常说球果是含有种子的木质"果实"。带有鳞片的种子围着一条轴线生长，形成球果。当种子成熟时，鳞片张开（那时我们说球果打开了），种子脱离球果。有时球果整个从枝干上脱离，落到地上。

张开的球果上带有将要脱离的种子

知识小贴士

球果给我留下的最深印象是它们可能带来危险。想一想，从杰弗里松上掉下来的球果，它们有30厘米长，非常坚硬，这难道不够危险吗？

"巨大"的球果

瑞士石松的球果

有些松树的球果格外大，比如生长在塔特拉山区的瑞士石松和地中海石松。

落羽松有最小的球果

　　不同种类的松、杉、柏树球果的大小和形状是不同的。最小的是落羽松的圆形球果，一般直径只有几厘米。崖柏圆锥形的球果也比较小。和它们相比，一些松树的球果简直可以称为巨大了。

　　欧洲红豆杉是一种不生长球果的植物，它的叶子有点扎手，种子藏在软软的红色假种皮下。

被红色假种皮包裹的红豆杉种子

最大的冷杉球果

　　在人们认识的50种冷杉里，波兰只有一种——银冷杉，它的球果有15厘米长。高加索冷杉和贵族冷杉的球果也很大，它们分别有25厘米和30厘米长。

31

云杉的大球果

　　云杉是中欧的代表性植物之一，有40多种。它也属于球果较大的种类，球果长度约有15厘米。

向下生长的云杉球果

向上生长的冷杉球果

　　最大球果的纪录保持者是兰伯氏松，生长在北美洲，它的球果可以长到60厘米长，2千克重！

不同松树的球果

　　松树球果的形态取决于松树的种类。北半球有80多种松树。一般松树的球果个头儿不大，长7厘米左右，但是我在前面提到的杰弗里松，它们的球果却有30厘米长，喜马拉雅松的球果也有25厘米长。

尚未成熟的球果

成熟的球果

玛土撒拉和巨型植物

想要证明自然界的力量有多强大，树木是绝佳的例子。树木是地球上最大、最长寿的有机体之一。最大的树木标本高100米以上，让人难以相信它们曾经是细小的幼苗！

向上生长

美国加利福尼亚州的红木林国家公园及州立公园里的加州红木被认为是世界上最高的树木之一。它的最高纪录达115米。

更高

澳大利亚的杏仁桉能长到更高，最高可达156米。那么，以桉树叶为食的树袋熊应该是没有恐高症的。

粗壮

墨西哥落羽杉是一种很粗的树，这种树也被称为蒙特苏马柏树。最粗的墨西哥落羽杉周长约为44米。这棵巨型植物位于墨西哥的瓦哈卡州，树龄大概有1 600年。

澳大利亚高度超过100米的桉树

树袋熊在桉树上

云杉能够存活几千年

知识小贴士

你知道玛土撒拉是谁吗？他是《圣经》中的人物。传说他在世上活了近1 000年，是长寿的象征。不过说起年龄，他可比不上有些树木。2014年，人们在瑞典发现了世界上最古老的树。这是一群根茎相连的欧洲云杉。这群树的根系年龄估计有9 500岁！目前所知的最古老的独生树是一棵大盆地刺果松，被称为"玛土撒拉"，它位于加利福尼亚州的白山，年龄为4 700岁；然而，这棵树的高度却与它的年龄极其不匹配，它只有9米高。

地球上最大的生物之一

让我们再次回到美国加利福尼亚州。内华达山脉的红杉国家公园里有一棵被认为是世界上最大生物之一的红杉。这就是"雪曼将军树"，它的树干体积约为1 487立方米，相当于在3公顷土地上生长100年的欧洲云杉的树干总体积！

墨西哥落羽杉

和100米高的树相比，人看起来像一只蚂蚁

波兰的纪录

在波兰的气候条件下，树木达不到"雪曼将军树"这种尺寸。最壮丽、最老的树会被人们确定为自然纪念物。波兰已有10万种这样的纪念物，其中最多的是椴树和橡树。

最古老的树

波兰最古老的树是一棵生长在下西里西亚省亨里克夫·鲁班斯基村的欧洲红豆杉，它大约有1 280岁了。

最古老的橡树"伟大者"

根据最新的记载，波兰最古老的橡树是位于下西里西亚省彼得罗维采村的"伟大者"。它有近760年的树龄。

"伟大者"橡树

最粗的橡树"扬·卡齐米日"

生长在库亚维–波美拉尼亚省希维切附近的"扬·卡齐米日"被认为是全波兰最粗树木的标本。仅次于它的有上面提到的"伟大者"和位于埃尔布隆格附近的"巴日尼斯克"橡树。以上是我们目前已知的树干周长超过10米的波兰橡树。

"巴日尼斯克"橡树

最著名的橡树"巴尔泰克"

位于凯尔采地区的"巴尔泰克"橡树是波兰最著名的树之一。它的年龄估计有700岁，树干周长接近10米。

"巴尔泰克"橡树

下层植被和幼树

波兰温带森林的特点是多层结构，基本层包括：树冠和树干，下层植被或幼树，也包括小灌木、草本植物、苔藓和地衣等地被植物。

林分

让我们从林分说起，这是林业学中最常用的术语之一。林分，指内部特征大体一致而与邻近地段有明显区别的一片林子。一个林区的森林，可以根据树种的组成、森林起源、林相、林龄、疏密度、林型等因素的不同，划分成不同的林分。简单来讲，林分是一群集中生长的树，不过林务人员用这个术语表示森林部分的面积单位。他们在林分中从事种植工作，并获得木材。

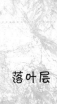

树冠

树干

幼树

下层植被

地被植物

落叶层

鬼鸮

蝙蝠

松鼠

大斑啄木鸟

松貂

大山雀

欧歌鸫

乌鸫

罗马蜗牛

刺猬

蚯蚓

知识小贴士

下层植被中最常见的树种是阴地植物，如欧洲山毛榉、鹅耳枥属、橡树、花楸树、小叶椴和欧洲云杉等。

"屋檐"下

高树的树冠下有下层植被和幼树层。下层植被，就是高度不超过5米的森林植物。下层植被既包括灌木，也包括由于遮阴过多或土壤不肥沃而在林冠层下生长的乔木，比如接骨木属、卫矛属、大果山茱萸、欧洲女贞、荚蒾属。下层植被的树木通常缺少光热，就像生长在"屋檐"下。

知识小贴士

护林员喜欢下层植被。在他们看来，下层植被会给森林的环境带来良好的影响，增强森林抵抗各种危险的免疫力。这样的说法不无道理，下层植被的落叶使森林的土壤变得更肥沃，有利于树木的生长，并且下层植被中生活着很多环境友好型的森林动物，比如捕食有害昆虫的鸟类。

幼树

有时候树木只是暂时地躲藏在下层植被中，等到光热条件适合时，它们会"跃进"高层，变成未来森林中的新生力量。

← 榆树的幼树 →

人造下层植被

在通常情况下，下层植被产生于自然条件下，由多种多样的植物组成。不过在松树林中，下层植被不多，而且通常仅由刺柏属植物组成。

有时候护林员通过人造的方法，也就是在松树树冠下种植落叶小乔木和灌木，来造出下层植被。但有时结果不尽人意，因为叶子会被鹿等动物吃掉。

有些可食用，有些却有剧毒

森林对于动物来说是美味水果的丰富来源地，其实对人类来说也是。水果常出现在森林的矮树丛里，也出现在地被上，比如常见、常被采摘的蓝莓——一种灌木果树的小浆果。

森林中适合每种动物的维生素

许多生长在森林矮树丛里的灌木会长出水果，这是森林动物重要的食物来源之一。当你知道这些森林里的贪吃鬼要吃掉多少水果时，可能会大吃一惊。即便那些被我们认定食肉的动物，例如狼、狐狸和熊，饥饿的时候它们也不介意多摄入一点维生素。

知识小贴士

千万不要采摘森林里不认识的水果食用。那些色彩鲜艳有光泽的浆果看上去有点像蓝莓，其实它们属于另外的植物种类，并且会导致中毒。

蓝莓——小灌木果树的果实

野生玫瑰的果实

黑莓

覆盆子

来自森林的美味

除了常见的森林水果如蓝莓、蔓越莓、覆盆子以及黑莓，森林中的坚果也是很受欢迎的。人们还常采摘稠李、山楂和其他植物的果实。

熊很喜欢吃森林里的水果

未成熟的坚果

36

洋瑞香有毒的果实

欧洲红豆杉

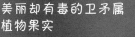
美丽却有毒的卫矛属
植物果实

洋瑞香和铃兰有毒的果实

洋瑞香是一种小型灌木，它在2月份开出带有香气的粉红花朵。洋瑞香的果实是圆形的，颜色深红，不过有剧毒。洋瑞香是受保护的物种。铃兰的果实和洋瑞香果实很像，并且也是有毒的。

欧洲红豆杉

欧洲红豆杉是一种乔木或者针叶灌木，它们有野生的，也有人工种植在植物园里的。欧洲红豆杉也是受保护的物种。它的"果实"在10月份成熟，并长出红色的假种皮。

卫矛属植物有毒的果实

卫矛属是一类可以结出许多美丽果实的小型灌木或乔木。它红色的果实悬挂在果柄上。卫矛属植物的果实含有四颗被橘黄色假种皮包裹起来的白色籽实，它们在9月或10月成熟。不同于森林里的其他果实，它们虽然看起来很美味，但是卫矛属植物的果实含有对人体有毒的化学物质，只适合鸟类食用。

山茱萸科植物的果实

很少有灌木的果实像欧洲荚蒾的果实一样具有这么高的装饰性

欧鼠李的果实最初是红色的，成熟后变成黑色

不可食用的山茱萸科植物果实

欧洲红瑞木是一种与落叶林木丛十分紧密的山茱萸科灌木状乔木。它的果实是球形的，颜色或果或蓝黑，有点像能食用的西洋接骨木和稠李的果实。每年9月份成熟，不适合人类食用。

欧鼠李有毒的果实

欧鼠李是森林里一种常见的中等灌木或小乔木。豌豆大小的球形果实7月出现在树枝上，11月时坠落。成熟的果实是黑色的，具有药用价值。不过，未成熟的果实可是有毒的！

森林地被植物

森林地被植物是森林中最拥挤的一层。各种草本植物、小型灌木、苔藓都在那里争夺空间。有时候，地被植物以层状方式生长：最下面是苔藓；然后是蕨类植物、草本植物；最上面是小型灌木。这样的地被植物，我们可以在土地最肥沃的森林，比如河岸森林或者鹅耳枥属与橡树森林中看到。

越橘

针叶林中的地被植物

在贫瘠的针叶林中我们能看到单调的地被植物形象。沙质土壤中的地被植物以地衣为主，有少数禾本科植物，比如灰色头发草；有小型灌木，比如帚石南和越橘。

欧洲越橘

地被植物由多种多样的矮小植物如幼树和灌木、真菌等组成

欧洲越橘与沼泽

生长在更潮湿、更肥沃的土壤中的松树林和云杉林，最具特色的是有大片的欧洲越橘。在这种森林中，我们能看到更多的禾本科植物以及苔藓植物。

我最喜欢的一种苔藓是白发藓，一丛蓝绿色的白发藓看起来就像一个小枕头

在沼泽地里

生长在沼泽地和泥炭沼泽的泥炭藓目，会生长得像蔓延到脚边的绿色地毯。

泥炭沼泽最美的季节是春天，那时沼泽里的杜香都会开放。

杜香

泥炭沼泽最具代表性的植物就是毛茸茸的像羊毛一样的白毛羊胡子草

在阔叶林里

阔叶林中有最丰富多样的地被植物，它们的外观在一年中会不断地变化。阔叶林最美的季节是春天，那时林中的地被植物会开出色彩鲜艳、香味馥郁的花朵。

春天，阔叶林中的很多植物都会开花，比如三叶铜钱草

39

用锄头救援

植物学家认为有些森林中的地被植物属于入侵物种。那些生长最旺盛的入侵地被植物会对森林中的树木幼苗造成威胁。比如大片的马勒姆草很快就会蔓延到小树苗旁，疯狂抢夺它们的水分和营养物质。冬天，在厚厚的积雪覆盖下，高高的马勒姆草丛甚至可以导致小树的死亡。因此，林场常常会锄去过于茂密的草丛。

马勒姆草

我的最美森林植物排行榜

铃兰

当然，基本上所有的植物我都喜欢，比如铃兰、雪莲花、勿忘草和报春花，毫无疑问它们都是森林里的"明星"，但我并不想在这里详细描述它们。在地被植物中同样有非常漂亮的植物，尽管它们不太被人注意。下面是我最喜欢的几种地被植物。

报春花

三叶铜钱草

三叶铜钱草通常躲在有大叶片和显眼花朵的栎林银莲花的阴影周围。我喜欢它精巧的白色花朵，花瓣上淡紫色的纹路；我也喜欢它淡绿色的叶，会让人联想起三叶草的形状。夜晚，三叶铜钱草会收起自己的叶片，仿佛进入了梦乡。

三叶铜钱草也被称为兔子的白菜，春天，它们的嫩叶特别适合用来做沙拉

獐耳细辛

獐耳细辛

獐耳细辛是最早开花的地被植物之一，有时我们在3月初就能看到它们的身影。花朵生长在上一年的叶子之上，这些叶子有典型的三裂形状。獐耳细辛在花朵凋谢以后会长出新的叶子。

山罗花与獐耳细辛一样，是通过
蚂蚁传播种子的

杓兰

齿鳞草

杓兰

只要见过杓兰就一定不会把它和其他植物混淆。杓兰的花朵大而美丽，它是一种高大的、有大型椭圆叶片的兰科植物。杓兰通常生长在有遮蔽物的地方，因此人们很难遇见它。最近一次我有机会欣赏到它们还是在皮耶尼内山脉徒步旅行的时候。

山罗花

几乎在所有的落叶林里都可以看见山罗花。山罗花的花冠是金黄色的，花朵旁边的叶子是紫色的。它们属于半寄生植物，山罗花的根部长有吸盘，能够吸附在其他植物的根上，汲取它们的水分和矿物盐。

齿鳞草

齿鳞草和山罗花有亲缘关系，但它属于全寄生植物，因为齿鳞草没有叶绿素，那是光合作用必不可少的色素。一年中的大部分时间，齿鳞草都生长在地下，依附在树木的根茎上。我们可以在初春的时候看见它浅粉色的幼苗。齿鳞草的花朵密密地垂向一边，通过大黄蜂进行授粉。

帚石南

我喜欢帚石南，虽然它总会让我想起夏天的离去。花开繁盛的帚石南在初秋阳光的映衬下，是一道美不胜收的风景。它是常常和沙质、贫瘠的土壤联系在一起的灌木植物，喜欢阳光，大多生长在开阔的地方，比如电线下面，或者在废弃的军事靶场上。在波兰西波美拉尼亚省的奥科内克可附近有一个占地超过200公顷的保护区，名叫"奥科内克帚石南园"。

帚石南是和沙质、贫瘠的土壤联系在一起的灌木植物

知识小贴士

帚石南的花粉对蜜蜂来说十分珍稀，帚石南蜜具有浓郁的帚石南花香，深橘色，喝起来略微有些苦味。

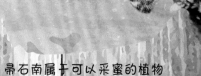

帚石南属于可以采蜜的植物

神奇的蕨类植物

你还记得关于蕨类植物的花的传说吗？在夏至之夜找到蕨类植物的花，可以获得财富。遗憾的是这个传说不是真的，因为蕨类植物并不会开花。尽管如此，它们却会在某些叶片上长出孢子，如果我们充分发挥想象力的话，也可以将这些孢子想象成花朵。

紫萁的叶片和其他植物的叶片有明显的区别

荚果蕨

荚果蕨是波兰境内第二大蕨类植物，它的大小和紫萁相差无几。荚果蕨通常沿着流经树林的小溪和河流生长，主要分布于波美拉尼亚地区和山区。

荚果蕨

紫萁

紫萁是波兰境内最大的蕨类植物。它的高度可以达到2米，常出现在森林潮湿的地区。波兰最有名的蕨类植物保护区毫无疑问是"卡锡伯蕨类植物保护区"，那里就生长着紫萁。

紫萁

知识小贴士

全世界总共有大约1.2万种蕨类植物，其中一半以上都是受保护种类。某些蕨类植物如水韭、槐叶苹、扇羽阴地蕨等，常常和水源或者草地紧密联系在一起，但是大多数蕨类植物还是生长在森林里。

最常见到对开蕨的地方是有石灰岩或者钙质岩的峡谷斜坡上

对开蕨

对开蕨在森林中的栖息地和前面提到的几种蕨类植物稍有不同，它的大小也和前面的"巨型"蕨类植物不同。不过它们最大的区别还是叶片的形状和属种的名称。对开蕨是铁角蕨科对开蕨属，主要生长在高原和山区。波兰的对开蕨主要分布于喀尔巴阡山脉和克拉科夫·琴斯托霍瓦一带。

其他蕨类植物

蕨类植物除了蕨纲和水韭纲以外，还有石松纲、裸蕨纲和木贼纲，不过总体来说，大多数蕨类植物并不引人注目。当然也有例外，波兰境内最大的木贼纲植物——沼生问荆甚至可以长到2米高，它的绿色叶片总是让人联想到小小的圣诞树。

知识小贴士

对蕨类植物来说，它们生存的最大威胁是自然环境的恶化，比如缺水。此外，人们采摘蕨类植物入药或者用于装饰花园和墓地，也使其数量大为减少。现在也有极少数的破坏是由于人们寻找蕨类植物的神奇花朵造成的，但毕竟相信这个传说的人越来越少，所以这种威胁几乎可以忽略不计。

43

沼生问荆

鹿角蕨

鹿角蕨

鹿角蕨是现存植物中最古老的品种之一，它出现在4亿多年前的恐龙时代。最古老的鹿角蕨体积很大，现在它的体积已经变小了很多。在过去，鹿角蕨被大量用于制作花束和装饰圣诞树，或用于医疗，因为它的孢子具有药用价值。波兰一共有7种不同的鹿角蕨，它们都属于受保护物种。多亏如此，它们目前的生存才没有受到太大的威胁。

真菌的奇妙世界

几年前，曾有一则新闻——美国的研究者发现了一种巨大的奥氏蜜环菌，这里说的"巨大"当然不是指小小的、通过形态就可以辨别其物种的子实体，而是那些藏在地下、面积达900公顷的巨大菌丝。900公顷是什么概念呢？相当于1200个足球场的面积。这些研究者同时还证明了它可能已经在地球上生存了2 400多年，也就是说它是地球上现存的最古老的生物之一。

知识小贴士

我们通常所说的蘑菇，只是真菌生长在地面以上的、可以被我们看见的子实体。其余的、被泥土所覆盖的部分叫作菌丝，主要生长在落叶下面，也有的位于树木的木质部和树皮上。

异色疣柄牛菌的子实体

高大环柄菇

真菌最重要的特点

真菌没有进行光合作用的能力，它们必须直接或间接地依附其他生物生存。真菌通过分解有机物获得养分。正因为真菌的分解能力，所以它们在森林生态系统中扮演着重要的角色，即将有机物分解为无机物，让物质得以不断循环。

真菌中最特殊的是地衣，它们将真菌和藻类联系在一起。多亏了这种"联系"，地衣才有了自给自足的能力

微小真菌和大型真菌

真菌是森林系统中必不可少的组成部分，真菌的多样性和功能性使其在森林系统中发挥了巨大的作用。科学家指出，全世界已知的真菌约有5万种。有的真菌属于凭借肉眼难以看见的微小真菌。

44

菌根

树木和真菌的共生关系是由菌根建立起来的，菌根连接着真菌和植物的根。90%的植物都存在这种共生现象，当然也包括树木。真菌的细胞和植物的根细胞联系起来，真菌细胞释放植物生长所需激素，菌丝给植物的根提供水和无机盐，同时从根中吸收植物光合作用的产物。此外，菌丝释放的抗菌物质也为植物提供了保护。

蜜环菌子实体

美味牛肝菌的子实体与松树联结在一起（地下就是松树的根）

鸡油菌大多生长在橡树林或者松树林中

有益真菌和有害真菌

并不是所有的真菌对树木都是有益的。我们可以在森林中找到很多寄生的真菌，它们可以引起树木传染病，给林区造成巨大的破坏。在波兰大约有150种真菌被林业专家认定为有害真菌。岛生异担子和蜜环菌的菌丝可以穿过树皮，它们的子实体也可以生长在树干的主体部分上，因此它们可以造成非常严重的树木疾病。

45

有经济价值的依附关系

有经验的采摘者都知道，最好在橡树林或者松树林里采摘鸡油菌，在针叶林里采摘松乳菌，这些已经不是什么秘密了。在同一品种不同树龄的树木下面也会出现不同种的真菌，比如在树龄较小的松树下通常生长着乳牛肝菌，但是在比较老的松树下就会出现毒蝇伞和其他品种的牛肝菌。

菌根疫苗

在种植树木的林区，人们会给真菌注射菌根疫苗，首先是那些和很多种类的树木都存在共生关系的真菌。近年来这一领域最引人注目的是原本不起眼的大毒粘滑菇。大毒粘滑菇对人类来说是有毒的，但是通过菌根，它却与很多树木相联结。科学家认为，不应该破坏那些我们并不采摘的真菌的子实体，因为它们的存在对树木来说是不可或缺的。

大毒粘滑菇对人体有毒，但对森林来说却很重要

地衣——利害关系的结合体

地衣并不起眼，但它却是一种非同寻常的生物。在森林里几乎每走一步都会看见它的身影。如果想要观察地衣，只需要走进古老的松树林，那里的松树树干上长满了地衣。在针叶林里，我们还能在脚底干枯的针叶堆中，发现原本已经干掉的地衣又焕发出新的绿色。这是最容易看到地衣的地方，因为很少有高等植物能在这种环境下生存。全世界的地衣种类丰富，大约有2.6万种。

橡木苔

地衣——藻类和真菌的共生体

地衣是由藻类细胞和真菌细胞共同构成的。它是紧密共生关系的典范。藻类通过光合作用给真菌提供有机物，真菌细胞则提供富含无机盐的水分，同时构成地衣的"骨架"。地衣既没有根，也没有茎，呈绿色，这种典型的颜色彰显着它能进行光合作用的能力。

生命的先锋

即使在非常不适合生物生存的地方我们也能发现地衣，比如在极地和高山的山顶。我们将地衣称为"生命的先锋"，因为地衣的分泌物——地衣酸可以加速岩石和沙丘的风化作用，为植物的扩张提供基础，这也是土壤形成必不可少的条件。

地衣是先锋植物

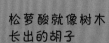

壳状、叶状和枝状地衣

不同种类的地衣形状各不相同，主要有三种形状——壳状、叶状和枝状。最常见的是壳状地衣，它们也最好辨认。某些枝状地衣生长在树上，可以达到很长的长度。松萝酸就属于枝状地衣，它的长度可以达到30厘米。

知识小贴士

科学界一直存在着关于地衣中藻类和真菌关系的讨论，大多数研究者认为真菌为了自己的需要"养育"了藻类，同时通过分泌某种特殊物质使藻类更高效地进行光合作用。但是也有科学家认为，两者之间的关系具有寄生的特点，在这种关系中藻类成为真菌生存的牺牲品。

松萝酸就像树木长出的胡子

被保护的地衣

目前，在波兰大约有240种地衣受法律保护，比如松萝酸、石蕊以及几乎所有的梅衣科地衣。也有专门针对地衣建立的保护区，比如在古老的森林里有肺衣保护区。

地衣对森林很重要

地衣在森林环境中扮演着重要角色，它能积累大量水分，成为森林宝贵的水库，这对某些极端缺水的地区具有重大意义。地衣对一些鸟类也有重要意义，比如燕雀会用它来筑巢；地衣还可以给森林里某些微小的无脊椎动物提供保护；它也是某些食草动物，比如鹿的食物。

敏感的生物

环境的恶化会导致地衣消失，尤其是在工业污染严重的地区，地衣会表现得非常敏感。地衣，尤其是树栖的地衣之所以对环境敏感，是因为它们直接从空气中获取水分，这些没有经过泥土过滤的水分会包含空气中几乎所有的有害成分。

47

肺衣

冰岛地衣

地衣可以分泌一种促进新陈代谢的物质——地衣酸，比如如今受到波兰法律保护的冰岛地衣就可以用来治疗呼吸道疾病。

附着在岩石上的地衣可以存活很久

知识小贴士

在环境条件良好的情况下，地衣会有很长的寿命。通常树栖的地衣可以存活几年到几十年，而附着在岩石上的地衣经常能活上百年。

冰岛地衣

森林土地中的生命

漫步森林时，我们总是忙着欣赏高大的树冠，却无暇顾及我们脚下到底有多少生命。森林的土壤中不断进行着各种生物反应，这对森林系统有极其重要的作用。

森林表层的土壤有怎样的结构？

森林土地的表面有几厘米厚的表层土，它是由不同腐烂程度的动植物残体组成的，其中最主要的是树叶、树枝和植物的其他部分。表层土的厚度取决于树林的组成结构和年份，在比较成熟的森林系统中，每公顷的面积上可以覆盖4.5吨的表层土。

表层土的成分

腐殖化

在表层土的最底层会有大量腐殖质，它是由高度分解的动植物残体组成的。我们将动植物残体分解的过程叫作腐殖化。松树的松针彻底分解需要长达12年，而橡树树叶的分解只需要3~4年。

落叶以不同的速度被分解

土壤中的微生物

在有机物质分解和产生腐殖质的过程中，起主要作用的是微生物，比如细菌、真菌、放线菌、藻类等。1克森林土壤可以包含百万个细菌的细胞以及几百米长的菌丝。

这些微生物的数量随着土壤深度的增加而减少。关于森林土壤的统计数据一般都很惊人。举个例子，人们计算出一棵仅有100年树龄的松树，其树根总长度可伸展达到50千米长！

马陆

土壤中的动物

在森林的土壤中生活着大量体形微小的动物，例如许多环节动物，除了它们以外还有大量的原生动物、马陆、蜈蚣、弹尾目动物、蜱螨目动物以及其他体形或小或大的节肢动物。它们中的大多数都以有机残骸作为营养的来源，也有些靠捕食来获取营养，例如蜈蚣和某些甲虫。

49

蜈蚣

矿化

另一个发生在枯枝落叶层和土壤表层的重要过程是矿化，就是将有机物质转化为对于植物来说可利用的矿物成分的过程。当有机物充分接触氧气时，这一过程可以相对快速地进行，从而产生易被植物吸收利用的物质。

土壤

林地里的巢

很多哺乳动物，如狐狸、獾、田鼠和林鼠经常在树根附近建造自己的巢穴。这样做对森林的好处是可以在土层中制造出用于排水或者充当走廊的通道，从而改善土壤的结构，使土地变得更加肥沃，能够更好地储存水分，腐殖质也能更好地从土壤表层移动到更深层。

巢穴边年幼的狐狸

森林 "小居民"

夏末时节在森林中散步，已经听不到鸟类的鸣叫了，这时我们会产生一种感觉——森林中的一切都凝固了。然而我们仍然可以驻足一小会儿，看看自己的脚下。我确信，你马上会注意到几个体形不大的森林居民：迁徙的小蚂蚁、快速爬过的蜈蚣、缓慢移动的甲虫，甚至还有停在鲜花上的蝴蝶。

多功能的昆虫

昆虫在森林中起着各种各样的作用。它们中有的是食草昆虫，有的是捕猎者，有的是寄生虫，还有的可以促进腐殖质的产生。有趣的是，有些种类的昆虫在特定的生长阶段需要获取不同的食物。例如寄蝇在幼虫时期是寄生虫，寄生于其他节肢动物体内，而成年以后则以花朵的花蜜为食。

单食者

在食草类昆虫中有这样一些昆虫，它们只以一种植物为食，举个例子，小眼夜蛾的幼虫将我们常见的松树的松针作为唯一的食物来源。我们将这种饮食单一的昆虫称为单食者。它们会对森林造成很严重的破坏。

寡食者和广食者

我们常见的大多数食草类昆虫都是寡食者或广食者，也就是说它们以多种不同的植物为食。在食草昆虫中，有一些以开花植物的花蜜和花粉为食，它们扮演着重要的传粉者角色。花朵不仅通过蝴蝶和蜜蜂传粉，还可以通过多种蝇类和甲虫传粉。

杨叶甲虫只在白杨树和柳树上取食

寄蝇

小眼夜蛾

知识小贴士

昆虫属于森林中最常见的动物。波兰的昆虫种类超过了2.6万种，其中至少有一半生活在森林中。

正在吃蚜虫的瓢虫

红褐林蚁

红褐林蚁

波兰的森林中最常见的蚂蚁就是和松树林有着密切联系的红褐林蚁。它们的蚁穴主要由松针建造而成。在蚁穴的内部有许多通道和小房间，方便运输和通风。进入蚁丘的小洞是工蚁根据需求，比如为了维持恒定的内部温度而打造的。

猎食者

昆虫中的大部分都是猎食者，包括它们的幼虫和成虫。七星瓢虫专门猎食蚜虫，一只七星瓢虫的成虫每天可以吃掉大约300只蚜虫。

蚂蚁

蚂蚁是森林中数量最多的猎食者之一。它们创造出的社区体系被认为是昆虫世界中最完美的组织体系，它们对森林的影响也不容小觑。

知识小贴士

波兰本地体形最大的蚁种是弓背蚁，身长将近2厘米。它们的巢穴经常建在云杉和冷杉木的内部，即使是死去的树干里也可以。

弓背蚁

51

蚁穴

知识小贴士

全世界的蚁类约有1.5万种。蚂蚁最主要是以昆虫的幼虫为食，有时也吃昆虫的卵、蛹还有成虫。从人类的角度来看，大部分被蚂蚁吃掉的都是害虫，所以蚂蚁被视为护林员的好朋友。

地面上的蚁穴只是蚂蚁巢穴的一部分，其余的都在地表以下。蚁穴包括行走的通道、弯弯曲曲的走廊和很多小房间，深度甚至可以达到土壤表面以下2米深。在不同的"楼层"，这些小巢穴有不同的温度和湿度。工蚁根据需要将其他昆虫的幼虫和蛹搬运到自己所在的层级，有时甚至将这些食物搬运到蚁穴的表面，让食物在太阳的照射下被加热。昆虫大都在冬眠中度过一年中最冷的季节，蚂蚁则会藏身于蚁穴最深层的巢穴中。

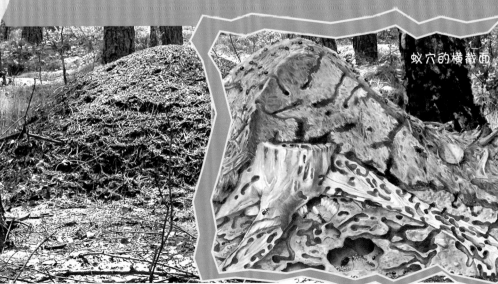
蚁穴的横截面

甲虫之家

昆虫是重要的森林居民，其中最有趣的是鞘翅目甲虫。在我祖母家附近，有一个坐落在橡树林边缘的锯木厂。锯木厂的旁边总有堆积如山的木屑，这些木屑堆绝对是寻找甲虫的乐土。夏天的时候，我在这里能抓到很多缓慢爬行的犀角金龟，它们能够耐心地"等待"我为它们拍照。直到今天，我还认为犀角金龟是最漂亮的甲虫之一。它们有可能长到将近4厘米长，披着美丽的棕色外壳，雄性犀角金龟的头部长着令人印象深刻的犄角，前胸处长着较小的突起，而雌性犀角金龟则没有这样的装饰。

犀角金龟

最大的和最小的甲虫

欧洲深山锹形虫是中欧典型的甲虫，也是波兰最大的甲虫。雄性锹形虫巨大的上颚会让人想起鹿的角，这是它额外长出来的一部分。不过要是从身长和触角的比例来看的话，锹形虫还是输给了天牛家族的长角灰天牛。这种昆虫的雄性身长大约有2厘米，而它的触角却能长到它身长的5倍。当然，也有一些体形非常小的甲虫，比如蛀木虫家族和象甲虫家族，还有一些种类的甲虫身长仅有2~3毫米。

欧洲深山锹形虫

森林甲虫

知识小贴士

可能陆地上每4个动物中就有1个是甲虫。它们是最庞大的昆虫群体，并且根据其体形大小和生活习性可以很容易地区分开来。甲虫的前翅角质化，呈鞘质，由此被命名为"鞘翅目"昆虫。甲虫的外壳可以有很多不同的颜色，通常都是五彩缤纷的。吉丁科的昆虫外壳少有斑点，由多种颜色构成，例如吉丁甲虫。

甲虫吃什么

在甲虫中可以找到一些食草的种类，例如多尔甲虫；当然也有食肉的种类，例如步甲虫。除此之外还有一些种类的甲虫以动植物残体或其他动物的粪便为食，后者叫作食粪虫，森林甲虫是它们的代表。

吉丁甲虫

52

蓝丽天牛

在我们所介绍的甲虫中，最漂亮的要数天牛家族的蓝丽天牛了。这种甲虫有着较长的触角，大约是它身长（4厘米）的1.5倍。它的外壳是漂亮的天蓝色，上面有黑色的斑点。在波兰这一种类的甲虫比较少见，我只在格鲁吉亚旅游时见过一次。

蓝丽天牛

金花金龟

甲虫怎么飞行

身材巨大、看似行动缓慢的甲虫一般都是不错的飞行员。它们在做飞行前的准备时，会倾斜自己的几丁质外壳并使外壳下面膜状的翅膀突出。有些种类的甲虫比较特殊，例如绿宝石色的金花金龟，它的外壳其实是一种结膜。这种昆虫的翅膀是从它的躯干之间的缝隙中伸出来的。

知识小贴士

蓝丽天牛是受保护的物种，前面提到的吉丁甲虫和欧洲深山锹形虫同样也是受保护的物种。

53

甲虫会游泳吗

有些种类的甲虫会游泳。龙虱是在水中也一样能生存的甲虫之一。体型较大的龙虱体长可达到3.5~4厘米，黑色的外壳周围有着金色的边缘。它们是食肉甲虫，其体形大小使得它可以捕猎很小的鱼和蝌蚪。

角豆萤火虫

最后我们要介绍一种特殊的甲虫，它会让我们联想到温暖的夏夜。这就是角豆萤火虫，也可以叫角豆发光虫。萤火虫这种不引人注目的昆虫因为下腹部的特殊器官，而显得与众不同。它们发出的光其实是生物化学反应的结果，凭借着一种叫萤光素酶的酶使萤光素发生氧化反应而发出光亮。这种现象被称作生物发光。

知识小贴士

每年6月到7月的夜晚，我们能够看到萤火虫。雄性萤火虫一边飞行一边寻找停留在植物上的雌性伙伴时，会以自己发出光亮作为吸引雌性的方式。萤火虫活动最频繁的时候是夏末的夜里，大约在圣约翰节到来时，有一种萤火虫的名字就是由此而来的。

龙虱

飞翔的宝石

鳞翅目昆虫总是在最美丽昆虫排名中获胜，这一点儿也不奇怪：它们身披美丽的彩衣，在空中翩翩起舞，还有它们看起来无忧无虑的生活方式，都使其成为大自然最美丽的作品。

知识小贴士

在鳞翅目昆虫中，拍打翅膀速度最快的世界纪录保持者是小豆长喙天蛾。它们每分钟可以拍打翅膀约5 000次！

巨型蚕蛾是鳞翅目王国中体形最大的一类，它的翅膀展开能达到14厘米

由虫卵开始的转变

蝴蝶已经是成熟形态的昆虫了，我们把它们叫作完全变态昆虫，它们的发展变化是从卵开始的。有些蝴蝶以特别的方式产卵，以便能够识别出"冒充者"。

毛毛虫

毛毛虫从虫卵中孵化而出。毛毛虫是蝴蝶幼虫的形态，不同物种的毛毛虫有着不同形状的身体和不同的色彩。通过不同的活动方式和不同的食物也可以区分它们。

蛹

在特定的生长和变态阶段，毛毛虫会把自己包裹在虫茧里或藏在遮盖物下，慢慢变成蛹。它们在蛹的内部会发生复杂的变化，最后变成成熟的昆虫。

成熟的形态

经过几天到十几天时间，蝴蝶会从蛹中破茧而出。在虫茧破裂后，它们会从包裹着自己的茧中离开，开始成熟蝴蝶的生活。此后，它们的目标就变成了受精并产卵。于是这一系列的变化就又开始循环了。

金凤蝶的卵

毛毛虫阶段的金凤蝶

金凤蝶的蛹

成熟的金凤蝶

蝴蝶和飞蛾

一提起蝴蝶，我们通常会联想到阳光，还有开满鲜花的草坪。其实，除了白天活动的蝴蝶外，还有一类与蝴蝶外形相似，主要在夜间活动的鳞翅目昆虫，它们被称作飞蛾。这两类鳞翅目昆虫在身体构造上有所不同。飞蛾身体结构较为粗壮，更重，这意味着它们在飞行时必须更快地拍打翅膀。

飞蛾，是一种主要在夜间活动的鳞翅目昆虫，它们模拟背景环境的颜色，以便在活动时不被发现

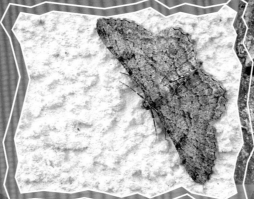

鹰眼尾蛾

紫闪蛱蝶

现在给大家介绍我的最美丽森林蛾蝶个人排行榜。首先是白天活动的蝴蝶。我认为位居第一位的应该是紫闪蛱蝶。它们有着棕色和白色相间的翅膀，扇动时会反射出美丽的紫色光辉。我们可以在林间小路，以及马匹留下的粪便上找到它们。它们的食物不是花蜜，而是动物消化过程中产生的物质。

鹰眼尾蛾

我只遇见过一次真正的蜂鸟，那是在巴西的时候。在中欧，我有时能看到白薯天蛾，还经常把它们与蜂鸟对比。白薯天蛾是夜间出没的大型飞蛾，和蜂鸟的大小相近。白薯天蛾以植物的花蜜为食。它们在夜晚极其活跃，采集食物，以特别的方式徘徊在花朵的周围，同时以惊人的速度拍打翅膀。白薯天蛾中色彩最斑斓的是一种鹰眼尾蛾，它们翅膀的底部呈粉红色，有着孔雀尾巴上的眼状斑一样的美丽装饰。

蛱蝶

蛱蝶是最漂亮的蝴蝶之一，其中最著名的是翅膀上有特别精美图案的孔雀蛱蝶。但在我看来最特别的蛱蝶是丧服蛱蝶，这是一种翅膀伸开可以达到9厘米的大型蝴蝶。

紫闪蛱蝶

丧服蛱蝶

缟裳夜蛾

在夜间活动的飞蛾中我最喜欢缟裳夜蛾，可能也是因为体形大小的缘故。这种蝴蝶的翅膀伸展开能够超过10厘米。缟裳夜蛾上部的翅膀颜色，能让它们在白天完美地伪装自己。如果它们展开上部的翅膀，就会露出下部的翅膀，下部的翅膀是黑色的，有着白色边缘，翅膀中间还有一条天蓝色的带状纹横穿而过。

缟裳夜蛾

蜿蜒而行的蛇

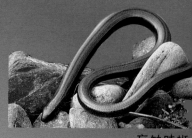

盲缺肢蜥

两栖动物和爬行动物都是森林的重要居民。在路德维克耶日·柯恩的一首著名小诗中，叙述了蛇因为众所周知的原因不用任何一条腿行走的故事。与其相似，波兰有一种无腿蜥蜴叫作盲缺肢蜥，它们有时会被当作极北蝰蛇而被消灭掉。盲缺肢蜥不仅漂亮，也是一种有益的动物。就像所有的爬行动物都是食肉者一样，盲缺肢蜥的食物也是各种昆虫、蜗牛还有蚯蚓。它们像其他许多爬行动物一样，也是受到保护的物种。

知识小贴士

全世界有约8 000种爬行动物，其中大部分与森林有关。全世界的两栖动物约有4 000种，它们的一生中既有水中生活阶段，也有陆地生活阶段。

火蝾螈

火蝾螈

在中欧的森林两栖动物中，火蝾螈是比较有代表性的。我在贝斯基德地区的一次探险中，有机会观察到了这种漂亮的动物。体形最大的火蝾螈身长可以超过25厘米。它们有着黑色和黄色相间的皮肤，这对捕食者可以起到威慑作用，好像在发出"不要吃我，我有毒"的警告。这种威胁并不夸张，因为它们皮肤上的腺体确实会分泌毒液（对人类无害）。火蝾螈是有尾巴的两栖动物，所以有时它们会被当作蜥蜴。

欧洲泽龟

欧洲泽龟是一种跟水关系很密切的爬行动物。泽龟是典型的水栖龟类，同时它们与森林也联系紧密，它们喜欢森林中安静、人迹罕至并且有水存续的地方。这种罕见的爬行动物在波兰规模最大的群体生活在波列斯国家公园。当地的护林员和自然学家常年在这里养殖泽龟，以帮助这一濒临灭绝的物种繁衍后代。

欧洲泽龟

欧洲树蛙

极北蝰蛇

　　蝰蛇很容易辨认，它有着独特的之字形花纹、三角形的头部和竖着的瞳孔（水游蛇的瞳孔是圆形的）。它们栖息在森林的边缘或林中空地上，非常惬意地享受着那里的阳光。

水游蛇

　　水游蛇头部两侧的黄色斑点很容易辨认。它们游泳能力超强，一般以鱼类为食。最长的水游蛇可以达到1.5米长。水游蛇是无害的，它们遇到危险时会假装死亡并且分泌出难闻的液体。年幼的水游蛇从蛇蛋中孵化而出，很快就能独立生活。我最近有机会在毕斯兹扎迪山的森林中，观察到了幼小的水游蛇如何成功地在池塘中捕食蝌蚪。

极北蝰蛇

欧洲树蛙

　　即使是细心的观察者，有时也很难在茂密的树叶间发现欧洲树蛙。这种体形不大的两栖动物并不是青蛙，尽管它的外观让人一看就想起小青蛙。树蛙能够根据周围的环境变换身体的颜色，不过它们最常见的体色还是浅绿色，这有助于它们很好地隐藏在绿色的森林中。

阿斯克勒庇俄斯蛇

水游蛇

阿斯克勒庇俄斯蛇

　　我为波兰的自然资源中真正的红尾蚺蛇的"拥有"量感到自豪。它们其实是阿斯克勒庇俄斯蛇，阿斯克勒庇俄斯蛇非常罕见，是波兰体形最大的蛇类，有时身长能达到2米。它们主要捕食啮齿动物、蜥蜴、小鸟。它们会先勒住猎物，让其窒息而死，然后整个吞下。（照片摄于亚马孙原始森林。）

歌唱家、伐木工和建设者

树木发出的声响和鸟类的歌唱恐怕是森林里最有特色的声音了。我们不难发现，大部分鸟类都有自己独特的歌声，有时由几种较短的旋律组合而成。除了歌唱，鸟类还会发出多种用于传达信息的声音，可能是警示性的、玩耍的，甚至是表示请求的声音——这种声音一般是由需要进食的雏鸟发出。

欧歌鸫

白尾海雕

鸟类的方言

鸟类发出鸣叫的重要功能是标记和保护自己的领地以及获得伴侣，因此发出鸣叫的通常是雄鸟。大多数鸟类最美妙的叫声会出现在清晨或傍晚，只有少数鸟类会在夜间鸣叫（如欧歌鸫和夜莺）。同一种鸟类在不同地区的叫声是有区别的，鸟类学家将这种现象称作鸟类的方言。

自己的领地

每一片森林都有自己大致固定的鸟类组合。其中有些鸟，例如苍头燕雀，几乎在每个森林里都能见到。其他的鸟类，例如红交嘴雀，只出现在某些特定的森林中。每种鸟还拥有由同类守护的共同领地。对于体形不大的鸟类来说，一片这样的领地大概有0.2公顷，而对于另一部分鸟类，例如白尾海雕，领地甚至可以达到1.2万公顷。在波兰的森林中，山雀们共同的领地大约只有0.7公顷。了解这些，对于护林员选定地点安置鸟巢有很大作用，鸟巢安置得太密集不利于鸟类定居。

知识小贴士

苍头燕雀被认为是目前波兰数量最庞大的养殖鸟类品种，其数量据估算大约有1 000万对！

知识小贴士

森林中鸟类歌声最嘈杂的时期是鸟类的繁殖期，也就是鸟类交配和产卵的时期。鸟类的后代们出生时，森林中的鸣叫声会稍稍平息，因为对于鸟爸爸和鸟妈妈来说首要的事情是要保护和喂养自己的雏鸟。

巢边的乌鸫和它的孩子们

苍头燕雀

啄木鸟工房

歪脖啄木鸟

啄木鸟——树木医生

啄木鸟的主要食物是生活在腐烂的树干和枝杈之间的昆虫幼虫，因此它们被称为树木的医生。它们那又长又黏的舌头，能够吃到藏在洞穴中的虫子。也有的啄木鸟喜欢吃树干和藏在树干中的蚂蚁。

有益的捕食者

森林鸟类，尤其是食虫鸟类，对森林具有极其重要的作用。鸟类身躯虽小，却具有强大的新陈代谢能力，对食物的需求也极大，每天要消耗它们体重10％～40％的食物，雏鸟甚至要吃掉比自己体重还重的食物。一只歪脖啄木鸟的幼鸟平均一天能吃掉2万只昆虫，普通鸟类则平均一天能吃掉几百到几千只不等。

知识小贴士

冬天的时候，啄木鸟喜欢吃从松树或云杉上掉落的锥形球果的种子。它们会把这些小种子存放在树皮之间的缝隙里慢慢享用。用来收藏这些松果的地方，就是啄木鸟的工房。

雕鸮

松鸡是森林居民，在波兰境内极为罕见

59

知识小贴士

一些稀有的鸟类之所以能够扩大种群数量，得益于鸟类的人工繁殖技术，这是以鸟类学家及林业学家对雕鸮、松鸡和游隼的研究为基础不断发展的一种技术。

松鸡

鸟类保护

全世界已知的鸟类有9 000多种，大部分鸟类跟森林的关系很紧密，因为对于很多鸟儿来说，森林是唯一能够繁衍后代的场所。

波兰大部分鸟类都是受到保护的，所有的野生鸟类在繁殖期间也都受到保护。在欧盟自然保护区网络中建立鸟类特别保护区有利于保护鸟类。

我的最美森林
歌者排行榜

当我在车里播放鸟类歌声的CD时，我女儿总是要听鹤的歌声。我也很喜欢鹤优美的鸣叫声，它预示着鸟类冬季迁徙后再度回归。鸟儿们会马上投入狂欢的宴会，其中会有极其壮观的舞蹈。

鹤

知识小贴士

鹤是一种很优美的鸟类，翅膀展开能超过2米。春天，它们是第一批迁徙回来的鸟，时间一般在2月底。这是春天来临的真正预兆。

夜莺

黄莺

欧歌鸫

夜莺

夜莺的歌声被认为是最美的声音。我虽然不是个传统的人，却也爱倾听春天夜晚夜莺的歌声。这是一种美丽的作品，需要特别为之命名。夜莺喜欢在晚上歌唱说明它们是很低调的。

黄莺

黄莺无论从外观上还是从声音上来说都是惹人喜爱的，雄性黄莺的羽毛更加繁茂，令人印象深刻。黄莺有着明亮的黄色身体，黑色的翅膀和尾巴。它的羽毛显示出它那来自热带的特性。雄性黄莺会发出旋律优美的口哨声，那动听的声音能传到森林深处。不过，有人认为这声音是即将下雨的征兆。

欧歌鸫

清晨的森林中，这位歌者让我觉得它的歌声仿佛是从高高的树上流淌而下的圣歌。欧歌鸫是鸫科动物中体形中等的一种，腹部是奶油色的羽毛，上面布满褐色的斑点。它的歌声优美嘹亮，旋律不断重复。每次表演，雄鸟们都会把这些旋律重复100次以上。

欧洲莺

松鸡

松鸡的歌声我之前从未听过，但一直渴望能听一听。松鸡是鸡形目禽鸟中最大的森林物种，今天还能在为数不多的偏远林区中看见，比如贝斯基德山、下西里西亚山、加诺夫斯基山中。

在繁殖期，雄性松鸡会坐在古松的枝头，高声歌唱。它们的歌曲有几种短语，猎人们这样形容它们的歌声——紧贴的第一节小调、顺滑的第二节小调、阻塞的第三节小调、重新研磨的第四节小调。在进行最后一个小节的歌唱期间，雄性松鸡会短暂地失去听力，这时它们很容易被猎捕，成为猎人的猎物。

欧洲莺

欧洲莺分布在不同类型的森林中，非常常见，大小接近麻雀。在我看来，它是最优秀的独唱歌手之一。它的歌声是旋律优美的口哨和呢喃的结合，常常以更响亮的声音来结尾。这种节奏令人不由得联想到奥贝雷克舞。

松鸡

租个树洞来筑巢

鸟类栖息在森林的各个层面。在地面、灌木枝、高大树木的树冠上，都能找到它们的巢穴。巢穴的复杂等级取决于鸟类是离巢鸟还是留巢鸟。如果是前者，幼鸟在被孵化之后几乎能立即离开巢穴，巢穴的功能只是放置鸟蛋；如果是后者，幼鸟会在巢穴中待很长一段时间，所以巢穴必须建得足够大且坚固。大部分森林鸟类都是留巢鸟。

鳾鹟喜欢用
木箱来筑巢

62

知识小贴士

在繁殖期接近鸟巢或是惊扰了鸟类，可能会导致它们放弃繁殖。

欧柳莺的巢穴

建筑材料

鸟巢的建筑材料是鸟在附近收集的，一般是树枝、绒毛、树皮、苔藓、地衣、草和树叶。有些鸟类只用一种材料来筑巢，比如园莺的巢穴几乎完全由草构成，而斑鸠则只用树枝来建造自己的"家"。

坚固的巢穴

捕食者常会把巢穴筑得很高，在树冠或树顶建造一个宽大、开放、结构坚固的巢穴。这种鸟体重一般都比较重，所以巢穴大都会建在粗大的主枝干的分叉上，这样有利于保持鸟巢结构稳定，比较安全。

外观及隐蔽性

最常见的巢穴是开放式结构，直接建在地面、树枝或绿色植物之间。一般是球形的，里面很宽松，可以把"房客"整个遮挡起来。这种"公寓式"巢穴一般会由雀形目的鸟，如欧柳莺、鳾鹟和长尾山雀来建造。

田鹨的巢穴

安全的洞穴

在森林中，树洞是很受欢迎的。其中藏着的巢穴难以被看见，能够保证安全。许多鸟都在这里筑巢，如山雀、猫头鹰、啄木鸟、戴胜、寒鸦和五子雀。几乎所有在树洞里筑巢的居民都会使用啄木鸟留下来的洞穴。护林员也会帮它们寻找可以筑巢的地点，他们会在树上挂上供鸟类筑巢的木箱。

安全的洞穴

角色划分

候鸟一般在3月或4月开始筑巢，另一些则会在越冬回来之后开始，甚至有5月才开始筑巢的。雌鸟的首要任务是孵蛋，当雌鸟坐在巢穴里时，雄鸟需要给伴侣喂食并守护领地。不过也有一些鸟是雌性和雄性轮流孵蛋的，如啄木鸟。

幼鸟数量

一般的鸟类每个繁殖季通常会诞下一到两个蛋，不过也有诞下三个（乌鸫）甚至四个（斑鸠）蛋的。大型鸟类如鹳、苍鹭或其他捕食者一年中都只产一枚蛋。随之而来的重要问题就是食物供应，食物当然是越多越好。这也就是为什么交喙鸟的幼鸟会在2月就孵化出壳的原因，那时云杉和松树的锥形球果纷纷掉落，它们的种子是它们主要的食物。

游隼是典型的懒汉

懒汉

森林鸟类中也有这样一种类型的鸟，它们不愿意收集材料来建立自己的窝，而是急切地占领别的鸟遗弃的巢穴。这些懒汉包括游隼，它把自己的蛋安置在乌鸦或其他捕食性动物巢穴里。老鹰也很愿意占领秃鹫的巢穴，就像秃鹫经常占领老鹰的巢穴那样。

榆鸫的蛋

鸟蛋

不同鸟类之间的一个很明显的区别，在于鸟蛋的外观。树洞居民的鸟蛋一般是单一颜色的，比如猫头鹰和啄木鸟的蛋是白色的，八哥的蛋是蓝色的。有些鸟类的蛋上常带有各种斑点，颜色也不同，这是出于保护的目的。杜鹃不筑巢不孵蛋，它把自己的蛋放进其他鸟的巢穴中，让那些鸟代劳。它能够分辨鸟蛋的不同颜色，因为它的蛋必须和寄生巢穴的鸟蛋相似。

丘鹬的蛋

鸟的长途旅行

冬天来临时，森林中大约只有30%的鸟会留下来过冬，其他的会迁徙到气候更温暖的地区。来年早春，这里又会重新变为鸟的天堂。在鸟类中最早迁徙回来的是鹤，每年2月它们就返回森林。更热闹的归乡狂潮开始于3月，并持续到4月，那时大部分准备繁衍的鸟都重归森林。5月，黄莺作为最后回归的鸟，高声鸣唱着欢快的歌曲，象征着春天的完全到来。

候鸟与留鸟

很多鸟类具有季节迁移的特性，夏天的时候在纬度较高的温带地区繁殖，冬天的时候则在纬度较低的热带地区过冬。这种行为叫作迁徙，有迁徙行为的鸟类叫作候鸟，没有迁徙行为的鸟类叫作留鸟。

知识小贴士

直至今天，科学家也没有完全弄清，鸟类如何知道应该去往何处以及返回何处。其中，有一种理论认为鸟类会根据太阳方位、行星方位甚至大地磁场来定位。

飞翔的鹅

纪录保持者

大部分候鸟的飞行高度都不是太高，大概100米左右。不过也有飞得高的，它们能从很高的地方欣赏世界，鹤类迁徙时就能在离地面4千米的高度飞行。当然，除了高度，还有飞行速度的区别，鹅和鸭子是短距离运动员，它们的飞行速度可以达到100千米/时。

知识小贴士

鸟类在秋天的移居，以及在春天从波兰以南或是以西的国家返回波兰，被称为鸟的迁徙。最先离开的鸟，它们的越冬地点是最远的，返回时它们回到波兰也是最晚的，因为它们迁徙的路程最长。

环志与无线电发射机

关于鸟类迁徙的很多珍贵信息都是由环志来提供的。为鸟类装环志这一想法是由丹麦鸟类学家莫特森在100多年前率先提出的。被捕获的鸟儿脚上会被安装上一个金属脚环，上面有机构、编号等信息。通过对鸟儿行程的掌控，能够把它到达世界各个角落的精确路线测算出来。现在，我们通过无线电发射机能够了解到更精准的鸟类迁徙的信息，它们被固定在鸟背上，发射出的信号由卫星负责接收。

乌鸫

乌鸫与我们一同过冬

乌鸫是失去迁徙兴趣的鸟类之一。由于在城市公园里能够轻易获取各类食物，一部分乌鸫就停止了迁徙过冬。森林中的乌鸫极少选择在城市中过冬，而是会迁徙到欧洲南部去过冬。

太平鸟是波兰冬天的客人

北方来客

对于冬天迁徙到波兰的鸟类，我还有一些话要说。波兰的冬天对于它们来说不算难熬，特别是从北方来的部分水鸟。因此，在森林或公园中，我们能看到五颜六色的太平鸟和红腹灰雀，后者是我最喜欢的鸟类，它是如此地特别。

红腹灰雀每年冬天会造访波兰

松鸦

有一句名言："要像松鸦渡海那样出行。"其实，松鸦冬天是不迁徙的，不过松鸦并不排斥迁徙。在极其寒冷的冬天，从欧洲北部和东部会飞来一大群松鸦。与之类似的还有秃鼻乌鸦。这些本地的"小骗子"会在冬天飞到较为温暖的地区去，而它们的表亲则从东部边境飞到波兰来。

啄木鸟冬天并不迁徙

留鸟

部分鸟类属于留鸟，也就是冬天也生存在同一地区的鸟。它们大多会在这个季节里改变自己的食谱，比如啄木鸟会减少捕食昆虫，依靠松树和云杉的球果为生。冬天，球果的数量非常丰富。

松鸦在波兰国内过冬

形态各异的哺乳动物

母驼鹿与幼年驼鹿

在我童年时，为数不多的电视节目中有一个动物类节目——《动物世界》，主持人是个天生会讲故事的人，用流利又动人的语言讲述他与动物的故事。这档节目由一句话开头："这些毛茸茸的、带斑点的、带斑纹的、有翅膀的，这些跳跃着、飞翔着的动物，被我们邀请到了我们的节目上。"在这里，我想说一说哺乳动物。许多哺乳动物是带斑纹的、毛茸茸的、跳跃的甚至飞翔的，它们都是森林居民。

有翅膀的哺乳动物

我们先从会飞的开始说吧。全世界有900多种蝙蝠，它们习惯夜间活动，因此我们极少有机会欣赏它们的美丽。蝙蝠都是对森林有益的动物，受到波兰法律的严格保护。大多数蝙蝠居住在森林中或是森林边缘，所有的昆虫都是它们的猎物。一只蝙蝠一晚上能吃多达3000只蚊子！

长耳蝠

知识小贴士

蝙蝠是世界上唯一掌握了持续飞行技能的哺乳动物，但它们不能像鸟一样利用空气动力停留在空中，因此需要在飞行过程中不停地扇动翅膀。

斑纹

我最喜欢的带斑纹的动物就是獾了，或许"带斑纹"这个词对它来说不太准确，但毫无疑问，獾最大的特征就是它从口鼻处延伸出来、经过眼睛与耳朵的黑色条纹。獾全身的皮毛都是极为美丽的银灰色，直到下腹部变为黑色。它的体长能达到90厘米，身高大约30厘米，重量能达到20千克。

欧洲獾

回声定位

蝙蝠有一项特殊的能力——回声定位。得益于这个能力，蝙蝠能够在漆黑的夜晚随意行动，不必担心自己撞上东西或受到攻击。它能够通过口鼻部发射超声波，这种声波会从物体上反射回来，被它们巨大的耳朵所接收。通过这种方式，蝙蝠能够收集自己飞行路线上的障碍信息并了解猎物的情况。

知识小贴士

獾栖息在各种类型的森林里，不过它们更愿意在方便挖掘地道的丘陵地带安家。獾的洞穴往往有好几个出口，这保证了它们能够在危急时刻及时逃脱。

跳跃的动物

松鼠在森林哺乳动物中以"跳跃"而出名，但它们并不是唯一会跳跃的哺乳动物。睡鼠科中还有许多体形小、外貌可爱、习惯类似的哺乳动物，所有睡鼠科动物都是受到波兰法律严格保护的。与松鼠相比，睡鼠不太常见，因为它们实在太能睡了。睡鼠一般在夜晚活动，白天睡觉，冬天会睡几个月。它们的冬眠从9月或10月开始，一直持续到来年4月底，期间会有短暂的间歇。松鼠与睡鼠另一个共同的特征是它们都是树栖动物。

松鼠

睡鼠

睡鼠科最典型的代表就是睡鼠了，它身长达30厘米，尾巴在其中占据了一半长度。睡鼠的毛皮是灰色的，腹部则是白色的，眼睛周围环绕着黑色的边。睡鼠很擅长在树上攀爬和跳跃。它们住在树洞和巢箱中，那里有它们用青苔和植物的嫩芽筑成的球形巢穴。它们的菜单种类繁多，包括树的嫩芽、树叶、种子和浆果，还有昆虫、鸟蛋和雏鸟。

榛睡鼠

榛睡鼠是睡鼠科最小的一种，比睡鼠要小近50%。它的皮毛是浅粉色的，胸部和颈部下端是白色的。如它的名字一样，它最喜欢的食物是树木上的榛果。它也会吃树的茎、叶、芽和昆虫。

睡鼠

小野猪

小猪

森林中带斑纹的动物里最和蔼可亲的就是小乳猪，也就是年幼的野猪。只有刚刚出生的乳猪身上会覆盖有这样新鲜的绒毛，它们一般出生在春天。雌性野猪常常一胎生下好几只小野猪。小野猪在出生两周内会留在巢里，半年后它们身上会长出野猪特有的深棕色鬃毛。

野生动物的发情期

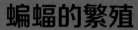
年幼的小鹿

　　所有的森林动物都会在一年中的某个特定时期开始发情，这是它们为繁衍后代在做准备。森林中最壮观的情景就是大批哺乳动物的求爱。它们的幼崽在我看来也是最可爱的。你们告诉我，谁在看到一只只小母鹿和小公鹿时会不露出微笑呢？

巨大的鼠耳蝠

蝙蝠的繁殖

　　小蝙蝠在夏天出生，出生后，还看不见东西的小蝙蝠会攀附着妈妈的乳头，与妈妈在一起待两周，即使在飞行期间也不离开。我在想，蝙蝠休息的时候，它们会头朝地倒挂，那小蝙蝠怎么办？当然就是头朝上了。当小蝙蝠慢慢长大，它们会在隐蔽的地方等待母亲为它们捕猎，在它们离开母亲独立之前，会从母亲那里学习如何捕食昆虫。

鹿的发情期

　　雄鹿通常有很多角。鹿角的数量越多，表示雄鹿的年龄越大，也越成熟。雄鹿的发情期一般在9月和10月。成年后，雄鹿的角会慢慢长大，发情期的雄鹿会用角来与对手争夺雌鹿。争斗的场面规模盛大，有时候斗争极其激烈，以至于这些雄鹿会把角狠狠交叉在一起，需要很长时间来分开，有时会有护林员来帮它们分离。

野猪的发情期

　　野猪的发情期从11月持续到第二年1月，小乳猪在3月或4月出生，成年的雄性野猪我们叫欧登茨，雌性野猪叫洛哈。

驼鹿的发情期

　　驼鹿，是一种巨大而温和的动物，有着独特的口鼻结构，与鹿有一些亲缘关系。它们的繁殖期在9月或10月，但在发情期间，驼鹿并不会像鹿一样聚集在一起。

在发情期打斗的雄鹿

体贴的猞猁

在捕猎性动物中，照顾幼崽时间最长的就是猞猁了，雌性猞猁会花一整年的时间去教后代如何捕猎。遗憾的是，现在已经很难在森林中看到猞猁的影子了，尤其是在欧洲。由于人类的滥捕，猞猁在欧洲曾经几近消失。

小猞猁

野兔的发情期

野兔是典型的北部林区的动物。一年中雌野兔可以产下4胎幼崽，因此它们会多次进入繁殖期。在发情期，雄野兔之间会为了雌野兔发生激烈的争斗。雄野兔会跳跃着用前爪互相击打，并用爪子去划伤对手，严重时，会出现耳朵被撕裂或毛皮被扯下的情况。

发情期中的雄野兔

狍的发情期

狍的发情期一般从7月开始，幼崽会在来年5月出生。雌狍就像大多数森林哺乳动物一样，是体贴的母亲，它会用自己营养丰富的乳汁来哺育后代，当幼狍满月后，母亲就会告诉它们，哪些植物的叶子是可以食用的。小狍来到世界的第一天身上还没有自己的气味，因此捕食者们不会察觉到它们的存在。

知识小贴士

狍和鹿是两种不同的动物。狍要比鹿小得多，最大的狍比体形较小的雌鹿还要小。

鹿：雄鹿和雌鹿

狍：雄狍和雌狍

雄狍有角，并且每年都会脱落重生。它们很容易受到惊吓，遇到入侵者或竞争对手时会用大声吼叫来驱赶

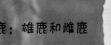

寂静的冬季森林

冬天，森林是寂静的。大部分鸟类都迁徙到了更温暖的地区。大型哺乳动物，如狍、鹿和野猪，会在森林中四处寻找食物，它们的足迹在雪地上清晰可见。小型哺乳动物们会选择在甜美的梦乡里过冬。

松鼠的冬季储备

冬眠

冬眠是小型哺乳动物，比如刺猬、睡鼠和蝙蝠对抗冬天的招数。这是一种有益的适应自然的方法，使得动物能够在最难找到食物的季节里存活下来。

冬季庇护所

冬眠开始的信号是日平均气温降到15摄氏度左右，夜间出现霜冻。这时候，冬眠的动物就会开始着手准备自己的冬眠巢穴了。巢穴必须是一个安全的地方，而且要保证水分不过分流失。比方说，刺猬会在树根下或是苔藓和干树叶覆盖的地下挖洞。蝙蝠则藏在巨大的洞中，密密麻麻相互挤靠着取暖。

冬季储备

冬季来临前，动物会收集粮食，或是吃下大量食物，或是在各种庇护所中积攒食物。冬眠过程中，它们会短暂地醒来，大吃一顿后重新进入睡眠状态。

蝙蝠挤在一起冬眠

知识小贴士

冬天时动物进入深度睡眠状态以度过寒冬被称作冬眠，这一行为依赖于由新陈代谢减少及体温下降引发的器官机能的"麻木"状态。冬眠时动物心脏的跳动速率会放缓，氧气的消耗甚至只有平时的几十分之一！

冬天的雌鹿

冬天的野猪

两栖动物和爬行动物也会冬眠

大多数两栖动物会在水池底部冬眠。在冬眠过程中，它们通过皮肤来吸收溶解在水中的氧气。爬行动物中，欧洲泽龟也是以这种方式过冬的。有些爬行动物会在陆地上、岩石中或是树根下冬眠。蛇一般会在寒冷的时候聚集在一起，层层叠叠相互依靠着取暖。

火腹蟾蜍

知识小贴士

棕熊冬天休眠并不属于冬眠。在冬日的休息中，棕熊的新陈代谢速率下降得并不明显。雌棕熊甚至会在这一期间产下幼崽。

洞穴旁的棕熊

植物也会冬眠

冬天对植物来说也是个难熬的季节。大部分树木在这一时期都会掉落树叶，以便减少自身对水的需求。伴随着霜冻来临，植物身体里产生了复杂的生理过程，就此进入了休眠期。

光秃秃的树

昆虫的冬眠

昆虫这类森林居民，根据种类的不同，有着不同的过冬方式。例如早春出现的钩粉蝶或是荨麻蛱蝶就是以成虫形态过冬的，它们躲在隐蔽的地方，比如洞穴中。这一阶段被称为它们的滞育期。

荨麻蛱蝶以成虫形态过冬

春天的起床号

春天是我最喜欢的季节，在春天，最有吸引力的活动就是观察大自然的觉醒：花、昆虫、蚂蚁下一个季节生活的开始。提醒我春天到来的，总是我办公室窗外盘旋在森林中的大山雀。它们的歌声与冬天时不同，是如此响亮又充满愉悦。

春天的大山雀

知识小贴士

大部分较早开花的植物都属于地下芽植物，它们在地表上的根茎冬天会死亡，而地下却留下鳞茎、块茎和根茎等。上一季节积累在其中的养分使它们能够在春天加速开花结果。

春天森林中的花朵

开始，我们能看到一丛丛的雪滴花，随后会出现大片天蓝色的獐耳细辛，紫色的紫堇形成纯洁又完整的地毯。这之后开花的是银莲花、疗肺草、紫罗兰、扁果草、顶冰花和白屈菜。颜色的组合与花朵的形状相结合，创造了美不胜收且令人难忘的风景。在树木开始长叶子的时候，这些下层的植物开始褪色，失去自己丰富的色彩。

知识小贴士

春天到来，冰雪融化后森林中的风景会彻底改变。别是在以春天的壮观景色闻的落叶林中，变化更是明显这一时期，森林下部的植物利用照射在森林底部的丰富光来趁机大量增长。

成片开放的紫罗兰

森林中的紫罗兰

森林中的紫罗兰应该是春天开放的花朵中香气最浓郁的一种。它们生长在落叶林中，如丁香般的花朵具有轴对称结构。它们的花冠由三瓣集中在下部、两瓣集中在顶部、后部是独特的曲形隆起的结构组成。紫罗兰的种子主要由蚂蚁传播。

紫罗兰

银莲花

榛树开花很早，常在积雪的时候就开始了

首批活跃的树根

　　春天到来，树木的冬季休眠就结束了。当土地开始解冻，首批树根也开始恢复生机，这一般是在2月底或3月初的时候。花蕾生长，冬季休眠的种子也开始发芽，植被逐渐铺满了森林，生命周期开始了新的循环。

欧歌鸫

知更鸟

鸟的广播

　　动物世界中，是什么来唤醒每天的生活呢？毫无疑问，是世界上最动听的鸟鸣。原本安静的森林，在鸟儿的叫声中，从清晨的第一刻钟开始就重焕生机。以后每天，它们的叫声会变得越来越多。从第一只2月冬季迁徙归来的鸟，到最后一只5月归来的鸟，从不间断。鸟的广播从凌晨就开始了。第一只在森林中开始自己清晨演唱会的是欧歌鸫，它在大约凌晨3点的时候就开始鸣叫。在它之后开始鸣叫的是知更鸟和乌鸫。

乌鸫雏鸟

森林需要护林员吗？

对于这个问题，我可以不假思索地回答：是的，非常需要。在今天这个大部分由人类支配的世界上，只有很少一部分森林是在没有人类活动介入的情况下自然产生和发展的。或许在我们的星球上，一些人类无法涉及的角落才会有这样的情况发生：如高海拔的山崖、热带丛林中荒芜的原始森林。有一些森林地区已成为自然保护区，从多年前起就受到了严格保护。

林业主管机构

各国都有自已的林业管理机构。大部分的开放森林都是由这些机构进行保护管理的。在由国家管理的森林中，还有数以万计的工作人员。他们管理森林中的事务，保护森林，并对大众进行森林知识教育普及。2014年，波兰国家林业局迎来了90岁生日。

74

原始森林保护区

波兰国家林业局

知识小贴士

波兰境内约有18%的森林是受私人管辖的，不过国家也对它们保持监督，这时国家林业局是作为调停机构存在的。

实用性森林为我们提供树木

被砍伐的树木

森林提供树木

树木砍伐是森林实用经济的一部分，砍伐首先是在年龄相近的森林林分中进行。在被砍掉的树木原先的位置上，护林员会种下新的树。森林也会通过老树遗留的种子进行自我更新。

护林员的作用

大部分波兰森林都是公有的，并被不同程度地进行经济开发。在森林中工作的护林员负责管理森林，以持续发挥森林的全部功能：保护功能、社会功能、生产功能。最后一项功能的意义在于，森林可以为我们提供树木，因此砍伐树木对护林员来说也是一项重要的工作。

森林保护

树木新长出的根部需要细心照料与保护，直至它长到适当的年龄。新生的小树在每个年龄段都会遇到各种危险，比如飓风、火灾、虫害和有害真菌。为了预防这类伤害并保护森林，护林员需要丰富的知识与大量的努力。在这一领域，林业研究所为护林员们提供了极大的帮助。

照料幼苗

树木的幼苗被护林员们种在林间的苗床上。这些逐渐生长的树苗，都是从最古老的林分中收集来的，这些林分也被称为森林的育种基地。

新生树苗需要保护

知识小贴士

波兰的森林由国家森林总局管理，旗下有17个区域局，管理着不同的林区，在波兰共有430个林区。林区又被划分为各个农林，护林员就管理着这些农林。

护林员的小屋

猎枪还是斧头？

如果你认为行走在森林中的护林员都是挎着猎枪、握着斧头的，那你就大大过时了。并不是所有的护林员都会去打猎，他们不是猎人，虽然他们对于捕猎非常了解。相反，很多猎人对于森林管理知识却是知之甚少。

护林员的工作

今天，已经很难看到手持斧头的护林员了。他们手中一般拿着围尺（用来测量树木直径的工具）、皮尺、高度测量器和电子记录仪。护林员用这些工具记录森林的所有信息。受雇于私人公司的工人在森林中伐木时会更多地使用斧头，而不是锯子或更先进的工具。

电子记录仪是护林员工作时配备的基本工具

护林员统筹与监督林业工人的工作

狩猎业

狩猎业是有些国家持久传承的优秀传统产业。在这些国家，很多人都能够成为猎人，这与他们的本职工作并不冲突。想成为一个猎人的条件当然是热爱和具备一定的知识。狩猎并不只是打猎，还包括猎物的管理，使其拥有适合的生活条件。

森林种植

铁锹是在森林中用来种植树木的工具。就算在砍树的时候，护林员也会自己带着铁锹。不过他们最多的日常工作还是组织森林种植，比如计划种植哪一类树木，在哪里进行种植等。

知识小贴士

打猎是狩猎业的重要组成部分。在今天，鹿、狍、野猪的自然天敌数量已经很少了，猎人就代替了这一角色，来控制这些动物的数量和保障它们种群的健康。

铁锹

森林种植

波兰的野猪数量很多

有些国家森林面积逐渐扩大

波兰每年都会种下面积约5万公顷的树。一部分新种植的树是在森林区域内，也就是原来就生长着树木的地方，不过我们也会在休耕多年的土地，也就是非生产性的土地上造林。得益于此，波兰的森林面积正在不断扩大。

动物养殖

护林员是森林的管理人，他们也会参与动物的养殖，包括帮助喂养它们、统计数量以及估算养殖需求，实现增加濒危动物数量的计划。最近几年，他们与猎人一起，以这种方式维护山鹑与野兔的基本数量的稳定，因为这两种动物的数量正在急剧减少。

山鹑的数量正在减少

飓风灾害与火灾

飓风灾害与火灾是森林面临的两大主要威胁。有时它们能够破坏大片森林，而重建需要花费大量的时间与精力。对护林员来说，最可怕的就是这样的灾难来到"自己的"森林中。被大火烧焦或被狂风折断的树，都是护林员亲手一棵棵栽下的，看到受灾后的景象，真是令人心酸。

飓风给林带来影响

飓风之后

森林重建的结束，并不意味着灾难引发的各种工作的结束。在灾难结束后建立的大面积同年龄的林区，需要不断监测以防止火灾及有害昆虫危害森林。

科研的机会

这种森林大型灾害也为研究森林自然更新创造了机会。在普斯克扎·皮斯卡林区，灾难过后留下了约450公顷的受损森林，没有进行任何清理工程，以观察这里发生的自然变化。这里也是著名的作为参考样本的"试验"林区。

塔特拉山区飓风过后的景象

78

危险的火

火灾对于森林环境的破坏是毁灭性的。它不仅会烧毁树木，还会破坏微生物和土壤，造成水土流失。

森林生态监测台

禁止进入森林

知识小贴士

1992年极度干旱，这一年波兰发生森林火灾的次数最多。当年8月份，大火烧毁了下西里西亚三个林区共9 000公顷面积的森林。同月，诺泰奇原始森林被大火吞噬的面积达到了6 000公顷。

快速干预

现在大部分森林火灾所波及的范围都不超过1公顷。火灾面积能够被控制得这么小，得益于护林员在烈日炎炎时对易发生火灾的林区的持续监测，以及在注意到火源的情况下迅速采取灭火措施。

禁止进入森林

当在特别炎热的那几天，我们无法进入森林避暑的时候，千万不要怪罪护林员。数据显示，引起森林大火最主要的两个原因是故意纵火（高达40%的概率）以及成年人过失引火（高达20%的概率）。

森林大火

79

我们不要烧草地！

自然原因引起火灾，或者说雷劈引起火灾的概率不到1%。引起火灾的其他原因往往与人类有意识的活动相关，比如非森林地区火灾的"转移"，也就是草地、农作物残株以及未开垦荒地的燃烧导致的森林大火。燃烧草地对环境的损害与森林火灾无异。

燃烧干草非常危险，对环境破坏也很大

用于救援的信息素

我们经常能够在森林里见到一些奇怪的装置：挂起来的黑色悬挂管、挂在树枝上由多个白色漏斗串起来的挂件或香气四溢的黑色薄板。这些就是信息素罗网，它们也是保护森林不被有害昆虫破坏的主要帮手。

欧洲松毛虫蛾

80

成群地出现，或者说群集现象

某个种类的昆虫成群出现有个专门的学术名称，叫昆虫的群集现象。最常出现群集现象的昆虫是飞蛾类昆虫，比如松针毒蛾、松夜蛾、欧洲松毛虫蛾以及松毛虫蛾。以上这些飞蛾都与松树有联系，那些以松树针叶为食的毛毛虫是贪吃的大胃王，能吃很多针叶。

危险且贪吃

一些种类昆虫的大量繁殖，给护林员造成的困扰比飓风和火灾小不了多少。食叶昆虫有时成群地出现，被它们啃食过树叶的树都会枯萎。在一些极端的例子中，树木所在的整个生态系统都会瘫痪。

松毛虫

次要害虫

那些已经衰败的树木通常会受到其他昆虫的攻击，这些昆虫在林业中被称为次要害虫，如蠹虫。例如，云杉被蠹虫侵害，从而健康状况不佳，也会对周围山区的环境造成严重影响。

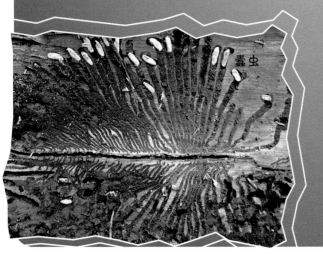

蠹虫

信息素在森林保护中所发挥的作用

信息素是昆虫分泌的一种用来吸引异性昆虫的物质，很容易在空气中扩散，有些种类的昆虫甚至能在10千米之外闻到信息素。有些信息素还能携带招呼同伴共同进食的信息，由此造成了一些昆虫的聚集。

金龟子

金龟子的幼虫

信息素罗网

在对抗害虫的过程中，科学家就运用了信息素的特性。把人造信息素放置在指定的位置，就可以把害虫吸引过来。这对于保护森林免受树皮甲虫等昆虫的侵害具有重大的意义。

秋季大搜捕

护林员不想被害虫吓到，所以秋天他们会很仔细地查看一些树底下的落叶层，数一数有多少昆虫进入了冬眠，根据发现的幼虫或蛹的数量来估计下一年森林将会遭受多大的威胁。

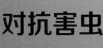

知识小贴士

最近我们遇到了一群持续出现的金龟子。成年金龟子啃食树叶，而它的幼虫（通常叫作蛴螬）生长在地底下，啃食树的根部。金龟子的群集现象会导致林区树木大量坏死。

用于撒药的飞机PZL-106"渡鸦"

对抗害虫

有许多常用的对抗害虫的方法，比如移除被害虫感染的树木，用飞机从空中向森林喷洒药物。人们还利用细菌、病毒以及真菌来对抗害虫。

如何保护森林的自然环境？

波兰的自然保护法已经规定了几种保护形式。其中最重要的就是建立自然保护区、国家公园、国家景观公园、风景保护区、天然纪念物、欧盟自然保护区网络。现如今，波兰的森林在保护自然的事业中扮演着重要的角色。

国家公园

国家公园常常设置于面积较大的自然地区，自然资源丰富，有些也包括历史遗迹。这里禁止狩猎、采矿和其他资源耗费型活动。

世界上第一个国家公园是美国的黄石国家公园。此后，国家公园在世界各国迅速发展：200多个国家和地区已建立了数千个国家公园。目前，中国共有10处国家公园体制试点，总面积约22万平方千米。

知识小贴士

公园名称通常来自地名，但斯拉文斯基国家公园是个例外，它是以曾住在这里的原始部落斯拉文的名字命名的。

皮耶尼内国家公园是波兰最早建立的国家公园之一

波兰克鲁奇县的露天博物馆中示有斯拉文人的文化遗迹

自然保护区

全世界自然保护区的数量和面积不断增加，并成为一个国家文明与进步的象征之一。中国已有34处国家级自然保护区被联合国教科文组织的"人与生物圈计划"列为国际生物圈保护区。自然保护区中有很多是森林保护区。

总体来说，国家公园占波兰国土面积的比例并不大，只占了1%左右。这些国家公园中最大的是别布扎河国家公园，最小的是奥伊楚夫国家公园和皮耶尼内国家公园（不到25 000公顷）

分布情况

在靠近波罗的海海岸地区有两个国家公园：斯拉文斯基国家公园和沃林国家公园。在湖泊地区有五个国家公园：图赫拉针叶林国家公园、德拉文国家公园、大波兰国家公园、威戈雷国家公园和瓦尔塔河口国家公园。

坐落于低地的几个国家公园有：别布扎河国家公园、比亚沃维耶扎国家公园、坎皮诺斯国家公园、纳尔维安国家公园以及波莱国家公园。

国家公园对高地和山区保护力度最大。在这些地区坐落的国家公园有：巴比亚山国家公园、毕斯兹扎迪国家公园、拉戈斯国家公园、桌山国家公园（背景图片）、克尔科诺谢国家公园、马古拉国家公园、奥伊楚夫国家公园、皮耶尼内国家公园、罗斯托彻国家公园、圣十字国家公园和塔特拉国家公园。

83

森林公园和非森林公园

波兰国家公园中，森林平均占60%的面积，但就单个公园而言，也有森林覆盖面积只有1%的。在纳尔维安国家公园和瓦尔塔河口国家公园里就是这样。当然也有另一种情况，有一些国家公园几乎90%的面积都覆盖着森林，比如比亚沃维耶扎国家公园、圣十字国家公园、马古拉国家公园以及图霍拉国家公园。

科沃布热格附近的沼泽地

NATURA 2000 的生态网络

NATURA 2000欧盟自然保护区网络，是波兰专家在查阅许多资料之后向欧盟提出的最新型的环境保护形式。人们把它变成了给鸟儿提供特殊保护的区域和特殊栖息地的保护区域，它包含欧洲最珍贵的自然环境。在波兰有大约20%的自然地区加入到了欧盟自然保护区网络，其中最多的是森林地区。

斯拉文斯基国家公园

我心目中最美的国家公园排行榜

知识小贴士

波兰近年来风景最具吸引力的国家公园有：塔特拉国家公园、克尔科诺谢国家公园、沃林国家公园以及坐落于相邻两个省——大波兰省和坎皮斯省的国家公园。

世界上有些热门的国家公园每年的游客访问量能超过1000万人次。每年大约有1000万游客游览波兰的国家公园。其中最受欢迎的公园每年的客流量超过250万，而最冷清的公园每年只有几千游客。

84

塔特拉国家公园

最受欢迎的公园

游客们最喜欢游览坐落于山区或者是靠近海边的公园。波兰客流量最大的就是假期时的塔特拉国家公园。不管是谁，只要站到吉翁特峰的山脊，都会不由自主地发出赞叹。

我最喜欢的国家公园

我一直向往波兰的东部地区，我最喜欢的三个国家公园就坐落在这个区域，请允许我向你们介绍一下。不难猜到，我喜欢的公园大多都覆盖着森林，这让我想起了一句老话："自然吸引狼进入森林。"我就是那只被吸引的狼，哈哈。

罗兹托彻国家公园

在我心目中占第一位的一直都是罗兹托彻国家公园。它包括了波兰拥有最珍贵自然资源的罗兹托彻地区，就是从什切布热申和兹维日涅茨的山峰延伸到波兰东南边境的高地。园区95%都覆盖着森林，是波兰森林覆盖率最大的公园之一。森林爱好者能够在这里找到典型高地植被冷杉林，以及喀尔巴阡山的山毛榉目树木。公园建立于1978年，面积约为8 500公顷。过去公园里的森林地区，曾是在全波兰都著名的扎莫伊斯基家族不动产的一部分，有着悠久的经济林区的历史。在我最喜欢的罗兹托彻明信片里，有一张上面的风景图就是布克瓦山和业鲁吉自然保护区，因此我强烈推荐这里。

罗兹托彻国家公园

罗兹托彻国家公园里的马

85

毕斯兹扎迪国家公园

在我心目中排名第二的就是毕斯兹扎迪国家公园。好几年了，我经常带着我的家人去那边度假。当然我也很幸运能够在毕斯兹扎迪地区进行科研调查。这个公园占据了东喀尔巴阡山的西部地区。它的最高峰是塔尔尼察山峰（海拔1 346米）。公园建于1973年，面积达到29 000公顷，将近80%的面积覆盖有森林。毕斯兹扎迪山脉上的草地没有划入园区。我推荐毕斯兹扎迪山上所有的游客观光路线以及期思纳林区的可食性蘑菇。

毕斯兹扎迪国家公园的标志就是猞猁

毕斯兹扎迪国家公园

比亚沃维耶扎国家公园

在波兰，森林覆盖率最大的公园就是我心目中排名第三的公园——比亚沃维耶扎国家公园，它始建于1921年，占地面积达到10 500公顷。该公园的森林植被有许多层次和种类，以及不同年龄阶段的结构。该公园里最有特点的植物群是橡树—角树一般树植物群，也叫作橡树角树混合林。当我还是林业专业的学生时，经常来这里摄影，从那以后我就与这片森林结下了不解之缘。这里还有林业研究机构。给我留下深刻印象的是公园里的重点保护区域，这里已经被联合国教科文组织列入世界自然遗产。

比亚沃维耶扎山最著名的奇观就是野牛，它们是公园的标志，也是波兰自然保护的象征

回归大自然的动物

游隼

在20世纪，很多动物种类灭绝，环境污染严重，还有多处森林生态系统退化，这威胁到我们这个星球的生物多样性。造成这一恶果的原因是人类文明的发展和直接或间接的人类活动影响。

知识小贴士

濒危物种指所有由于物种自身的原因或受到人类活动、自然灾害的影响而导致其野生种群在不久的将来面临灭绝的概率很高的物种。全世界现在约有2.8万种生物濒临灭绝。

有效的自然保护

很早以前，人们就已经有了保护自然野生生物资源的意识。现在各国的保护条例中涉及了许多稀有物种和濒危物种。在国际领域，各国也已经签订了许多合约和公约，例如关于湿地的"湿地公约"，还有关于保护欧洲稀有动物群以及其栖息地的条约"伯尔尼条约"，这些条约确实有效地保护了许多珍稀的物种。

86

自然保护区里的野牛

在我们周围

媒体经常拉响警报：老虎将要消失，犀牛濒临灭绝，珊瑚礁面积减少等。波兰的自然环境也受到了不可修复的伤害，比如野牛的大量减少以及苏台德山上森林的大面积消亡。

积极的保护措施，促使物种回归

被动的保护措施不足以弥补损失。有时候也需要一些特殊的救援措施，比如"物种回归"。这个措施的主要目的是增加一些濒危的特定物种或生物族群的个体数量。"物种回归"有着不同的形式，其中就有先人工饲养野生动物，然后把它们放回野外的形式，就像野牛被放归比亚沃维耶扎森林，驼鹿被放回到别布扎河湿地和坎皮诺斯丛林一样。

阿拉伯大羚羊

知识小贴士

成功的物种回归应该让一个物种具有独立自主生活的能力。世界上重返自然最成功的几个例子：普热瓦尔斯基马、阿拉伯大羚羊、麻鸭；而在波兰成功的例子有：野牛、驼鹿以及欧亚河狸，游隼的尝试也有了很好的效果。

河狸

19世纪，因人类大肆的捕杀，河狸的数量已经减少到濒临灭绝，二战之后在波兰领土范围内几乎见不到河狸的身影。后来人们从东部边境外引进了河狸，其数量已经大大增加，甚至超出了预期。现在波兰的河狸已经多到能够引起灾害的程度了。

驼鹿

只有几种驼鹿在波兰的别布扎河湿地熬过了第二次世界大战。这些"元老"就成了坎皮诺斯国家公园繁育物种、回归自然的先锋。从那以后，驼鹿族群就成功地移居到了国家重点保护区。

猞猁

1994年，坎皮诺斯国家公园开始放生猞猁，这些猞猁已经开始繁育后代，繁殖出新一代野生猞猁。现在，公园内估计生存有15只猞猁。

基因的保护

森林里自然物种多样性的保护，不只需要依靠环境保护法律的约束，还需要护林员的密切关注。波兰的国家森林一直以来都是基因资源的保存地。在这里，树木的基因得到了保护。那么这种基因保护是什么呢？

种树被标上了特殊的记号

珍贵的种子

对树木基因的保护就是筛选出最优秀的树木基因，把它流传下去。以此为目的，在波兰几乎每一个地区都种下了拥有最优基因树种的种子，这些都是森林最美丽最珍贵的部分。这些种下去的种子还会结出种子，把结出的种子放在森林苗圃又能培育成幼苗。

基因的保护区

有一些林分被选中当作留存林分，也叫作基因保护区。这些都是从基因变化角度考虑选出的最为珍贵的树种。总的来说，在国家森林和国家公园中，被标记保留的林分就有大约300个。这些树必须要达到一定的年龄，比如针叶树要达到150岁，而阔叶树则要200岁。

母树

知识小贴士

在被选中收集种子的树中还有被特殊标记的母树，也叫作"最优选"。顾名思义，这些母树就是"优中之优"。这些母树是优良的种子供体。

88

松果

被监管的种子

　　树种的筛选成功与否，还取决于种子从摘取的那一刻开始是否被细致地保存，这个过程包括前期的保存、运输、取籽（比如从松果里面取出松子），一直到长期保存。从事种子生产的人的任务之一是防止不同批次的种子被混合。

知识小贴士

　　每一个生长在波兰的树种，都有一些特别珍贵的种群值得保留下来。比如松树，比较著名的是塔博斯卡松树、苏普拉希尔松树、纳皮沃达松树、博莱维切松树、里奇塔尔松树和贝图夫松树。

物种回归

　　在森林里建立基因库保护区，为的就是让那些已经从生态系统中消失的物种能够重归大自然，其目的远不止珍稀植物的保护。一些树种的消失，比如梣木、橡树、冷杉，还有整个林区的消亡，都提醒着人们，我们需要马上行动起来，让那些消失的物种回归到大自然。森林基因库在这种情况下正是"最后一根救命稻草"。

濒临灭绝的梣木的叶子

89

森林基因库

　　保护森林基因库不止在森林里进行，还有一些科研机构（林业科学研究院、高校等）以及国家林业机构（在洛格瓦、斯兹拉斯卡、洁灵卡、瑟楚夫以及威蒂地区建立的科研用植物园）也都在从事这项工作。林业工作者建立的森林基因库在其中起到了至关重要的作用。基因库监管着森林里种子的收集、种子来源的记录以及珍贵资源的保存。

知识小贴士

　　树龄越大的古树会得到越细致的照顾。毕竟它们已经很老了，随时都可能死去，从大自然中消失。为了把它们的基因保留下来，护林员会留下它们的种子或者一部分植物组织进行克隆生产。这些克隆体被养在一个叫作克隆体档案馆的地方，这些档案馆常常建在植物园的旁边。最近，著名的橡树巴尔泰克就以这样的形式迎来了自己的"孩子们"。

森林养护

森林养护是我的工作，这项工作对于不了解的人来说有很多定义，对于外行人来说甚至还是一个可笑的工作。当听说森林需要定期清理的时候，他们会想什么？难道林业工作者要拿着扫帚和簸箕去森林里扫地吗？说到这里我要提一下，在森林里乱扔垃圾确实是个严重的问题，很值得一提。

森林养护

我先来解释一下"森林养护"是什么意思，这肯定不是在树干上抹一些乳液或者防护霜什么的。森林并不是像我们看到的那样只靠自己生长，它的每一个生长阶段都需要细致的照顾。森林养护是林业工作者要完成的一系列程序，目的是把树苗培育成熟，往往一棵树需要几代护林员的精心看护。这才是森林能一直维持生机的原因。

无时无刻不在竞争

新生的小树会受到很多威胁。不大的树苗有可能被森林里的动物踩踏，也可能被咬坏，树叶和根有可能成为昆虫的盘中餐。除此之外，树苗还会与其他绿色植物竞争水和营养物质。护林员的工作也包括保护和养护这些树苗。

帮助种植

护林员必须时刻注意，以免脆弱的树苗受到杂草的威胁。他们还会除去一些其他树的树苗，比如桦树或者杨树的树苗，这些树木往往自己就能播种，而且种子在任何地方都能生根发芽。在前期的清理工作中，那些长歪了的、发育迟缓的、病了的树苗都会被清除。

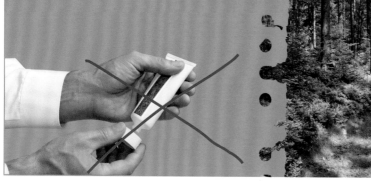

必要的砍伐

森林养护的下一阶段就是前期砍伐。这一阶段开始于树木20~25岁、高约5米的时候，结束于40~45岁。在这一阶段树木疯长，前期砍伐是为了把那些妨碍优秀树种生长的树木砍掉。

状态良好

在树木的生长过程中会长出一些歪七扭八的枝杈，我们把这个阶段叫作青年期。护林员后期会把这些得病的、长歪的、分叉的或者边缘过分生长的枝杈清除掉。

我们从哪里得到木材

当树木长到一定高度和年龄，就到了该伐树的时候了，这也是森林养护的最后一个阶段——选择伐树。树木被砍伐掉之后，原来的地方会种上新的树苗。这样一来树木就会源源不断，生生不息，所以我们把树木叫作可再生资源。

当树木成熟的时候

当树木又老了一些时，护林员会做一些消减工作，叫作后期砍伐。其目的是让树木能够拥有良好的状态以及较高的产量。在砍伐的过程中，健康状况不佳的树木数量不断减少，留下的都是最优秀的树种。

卫生伐和临时砍伐

不管树木长到什么时候，都要进行卫生伐，清除那些得病的、被害虫侵蚀的树木。还有临时砍伐，就是清除那些被风刮弯的或折断的树木。

树木是珍贵的可再生资源

木材是从被砍伐的树木中得来的原料。请向周围看看，指出你身边有哪个物品是由木材做成的。

木材做的船

木材的过去与现在

起初木材是用来做柴火、房屋建筑以及制作标枪和弓箭的原材料，随着人类文明的发展，木材的使用范围开始扩大。如果没有用木材做成的船，伟大的地理发现就不会发生。在工业革命期间，因为有大量的木材作为原料，欧洲才能发展采掘业、钢铁工业和运输业。

木制的东正教教堂和天主教教堂有着几百年的历史

木材是很好的建筑材料

木材的多孔结构使其成为非常好的建筑材料，它比砖墙更能保温，还具备隔绝噪声的性能。木质建筑能在内部形成一个温暖的微气候，而且木材也非常耐用。

木材也是很好的能源

木材在燃烧过程中会释放少量的有害物质，比如硫化合物，这是因为木头除了主要由碳元素和氧元素组成，还有少量的氢元素、硫元素和其他元素。在欧洲有些国家，木材还是可再生燃料，因为在砍伐完树木的土地上又会种上新的树苗。

木材就是纸张

不久之前，人们还难以想象没有木材的生活会是什么样子，因为有木材才能做出纸。虽然现在电子产品越来越受欢迎，但是没有纸我们依然难以习惯。

小提琴上的云杉木

整块的云杉木可以用来做建筑构件和家具，但它更主要的用途是制造乐器。云杉木完美的共振属性特别适合制作顶级小提琴。

最受欢迎的松木材

一些国家最基本的建筑木材——松木主要用于房屋建筑和家具制造。

最耐用的橡木

橡木是最耐用、最珍贵的木材之一。在建筑中主要用它来建造那些需要防潮的部件。橡木做的桶是储存红酒和干邑的不二之选。此外，橡木也是很好的木工原料。

用于雕刻的椴木

椴木由于易于雕刻和打磨的特性，深受雕刻家的喜爱。其中一个非常著名的椴木雕刻艺术品，就是安放在波兰克拉科夫圣玛利亚教堂的祭坛，它是著名雕刻艺术家法伊特·施托斯的作品。

山毛榉木材用作燃料

山毛榉木材拥有很高的热值，它燃烧产生的能量比同质量的其他木材都要高。

用于制作纸张的桦木

对于纸制造业来说，桦木是珍贵的木材之一。胶合板工业也非常需要优质的桦木作原材料。

用于家具制造的桤木

家具制造和木工行业常用的是黑桤木，这种木头有些边材呈橙色，心材颜色较淡。

森林中的枯木

在树木被砍伐掉运出森林之后，森林里会留下很多树干和树枝，这些是死去的树木，也叫枯木，它们在大自然中也扮演着很重要的角色。在空气中，过量的二氧化碳会导致有害天气的出现。如果把这些枯木都烧掉，那么产生的二氧化碳会让周围陆地上的生物窒息而死。

松貂

知识小贴士

依靠这些枯木生存的生物很多，主要是无脊椎动物，不过在风倒木——被风吹倒的枯木下也能找到两栖动物、啮齿类动物以及其他哺乳动物，比如刺猬、黄鼠狼还有貂。甚至鸟类也在那里筑窝，比如鹪鹩和欧亚鸲。

隐士甲虫

关于分解

生长在木头表面和木头里面的生物都会参与木头的分解，分解也就是木头腐烂的过程。这是一个很长的过程，有时会持续好几年。在这个过程中，最重要的生物就是真菌，它们会分解木头最基本的组成成分——纤维素和木质素。分解出的成分能够让土壤富含养分，为种下新树苗做足准备。

生长在树上的真

枯木——动物的家

枯木是很多动物的家，第一位就是鞘翅目昆虫，俗称甲虫。有超过80%的甲虫依靠枯木生存。最为人熟知的，也是被保护得最好的甲虫是大摩羯甲虫、锹形虫和隐士甲虫。甲虫们最喜欢的树种是橡树和山毛榉，因为这两种树有厚实的树皮，能够分解好几年，甲虫最喜欢这类树木。

树洞

三趾啄木鸟正在喂树洞中的幼鸟

在没有倒下的枯木树干上有很多树洞，里面居住着许多鸟和哺乳动物，其中就有蝙蝠。在鸟类中，三趾啄木鸟和枯木的关系最密切，它赖以为生的食物有80%都来自于枯木。

有多少枯木？

在喀尔巴阡山的老山毛榉林和比亚沃维耶扎国家公园中，有大量枯木。在新种植的松林中枯木最少。在波兰的森林中，平均每1公顷就有10立方米的枯木以直立、躺倒或只剩树干的形式出现。

知识小贴士

在被分解了数年的枯木上能找到苔藓和草本植物，比如白花酢浆草和舞鹤草。渐渐地，在树干上还会萌发出新的树苗。

正在被分解的木头

知识小贴士

并不是所有腐烂的枯木都对森林有好处，被有害昆虫占领的枯木会对健康树木造成威胁，这样的枯木必须要移出森林。同样需要移除的还有风倒木，因为风倒木会增加森林火灾发生的概率。

枯木是从哪里来的？

在新形成的森林里，枯木主要由从树上掉落的枯树枝组成。在老森林里，枯木主要是被推倒或被折断的树干和正在分解的树枝。

毕斯兹扎迪山的烟雾

假期去毕斯兹扎迪山旅行，首先要有一次沿着山间小路和山脊旷野的徒步旅行，这也是一次认识当地文化历史的机会。在建立城市莱希尼察的时候，林农发挥了不小的作用。民俗森林毕斯兹扎迪森林最具特色的元素要数烧木炭蒸馏了。人们在烧木炭的过程中，山间会升起袅袅的白烟，这项技艺一直保留至今。

什么是木炭？

简单来说就是木头干蒸，也就是在高温低氧的情况下木头热分解得出的产物。木炭里碳的净含量能达到98%，剩下的就是少量的炭灰和其他有机化合物。作为燃料，它的热值比木头高出三倍。

知识小贴士

毕斯兹扎迪山区烧木炭的习俗可以追溯到很久以前，山上柴火工（也叫烧柴工或者蒸馏工）的职业很流行。周围的许多地名也都显示了烧炭这项工作当时的火热程度，这些名字与波兰语的"烧炭""烟雾"还有"烧窑"有关。

知识小贴士

要生产1千克木炭需要5千克木头。如果想要原料利用率更高，就要用阔叶树的木头，比如山毛榉、角树、桦树、橡树和桤木。

96

木炭能干什么?

　　木炭因为含较少的焦油和杂质而成为优质的燃料。所有人都知道木炭是烧烤的燃料，但是它的真正使用范围要广得多，比如在炼铁工厂里，木炭被用作水分和空气的吸附剂，在重炼石油的过程中也充当吸附剂。木炭还被制成治疗肠胃疾病或食物中毒的药片。对，就是那个吃了牙会脏的药，它是用椴木制成的质量最好的木炭。

木炭是滤水器里的组成部分

木炭胶囊

木炭可以用作素描工具

怎样烧木炭?

　　刚开始人们在塞满木头的坑里烧木炭，里面还撒满土，但是这种方法不是很好。之后为了提升原材料利用率，人们发明了泥封窑，就是把成堆的木头外层紧紧地覆盖上土和草皮，从内部点火烧。木材蒸馏从20世纪80年代开始流行，到现在已经变成了毕斯兹扎迪森林很有特色的一张名片。一次蒸馏需要持续3天，包括放置木头、燃烧和蒸馏后取出三个阶段。

文化遗产

　　21世纪初，毕斯兹扎迪山区还有大约500台蒸馏器，有大约300人在这些地方工作。随着木炭产品变得不那么受欢迎，大部分厂家都从中国进口相对来说更便宜的产品。如今，毕斯兹扎迪山区的木炭业已经成了这个地区文化遗产的一部分，而烧炭工人的工作不仅受到了烧烤爱好者的欢迎，也受到了游客们的欢迎。

浆果和蘑菇

森林会使我们联想到散步、休息、采摘蘑菇和浆果。护林员把这些叫作森林的非生产性功能。生产性功能主要表现在生产木材上，而我们能够从森林里获得的非木材产品，就是这些蘑菇、丛林里的果实、用来治病或者制成化妆品的草药，以及动物。

从森林里得到的不同产品

有些国家的森林里最重要的非木材产品跟波兰完全不同，造成差异的原因主要是自然环境的差异、树种的差异，还有市场需求的不同。说起来很难让人相信，在斯堪的纳维亚半岛，几乎所有蘑菇都不是从森林里采摘来的。世界范围内重要的非木材产品有槭糖浆和槭树汁（加拿大）、纯天然木塞（葡萄牙），含油种子和含油果实（热带地区国家）等。

注意！在森林里采摘来的果实应洗净再吃，以免患上寄生虫病

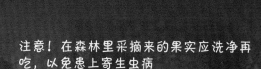

槭糖浆

栎树

天然软木塞

野草莓

覆盆子

蓝莓

黑莓

欧洲越橘

西洋接骨木果实

含有大量黄酮的黑莓

关于浆果

　　人们用篮子从森林中带走的最常见的产品是什么呢？欧洲越橘已经在长达好几年的时间里位居波兰森林水果之首，它黑色的浆果香甜可口，而红豆越橘和蔓越莓的味道远远不如它。

红豆越橘

知识小贴士

　　森林水果生长在污染较少的环境中。它们含有丰富的矿物质、有机酸、糖和维生素。100克草莓和红豆越橘中就含有从环境中吸收来的15~20毫克铁，覆盆子中含有丰富的磷，而在玫瑰果和黑醋栗果中含有比柠檬多许多倍的维生素C，黑莓中含有丰富的黄酮，蔓越莓中镁含量非常高……

99

黑刺李

玫瑰果

野草莓、树莓（覆盆子）、黑莓和其他美味

　　野草莓、覆盆子、黑莓、玫瑰果、黑刺李、接骨木果、山楂、花楸果、野苹果也是十分珍贵的水果。人们采摘这些水果，比采摘有"酒鬼"之称的笃斯越橘要多得多。总的来说，在森林中，我们拥有20多种能结出可食用果实的矮灌木。

可食用蘑菇与毒蘑菇

　　在波兰，美味的可食用蘑菇有几十种，具有潜在食用可能的也有1 400个种类，然而自己测试它们是否适合食用是十分危险的，因为森林中有大量的毒蘑菇，这些毒蘑菇大约有250种，其中包括那些致命的种类。幸运的是，那些致命的毒蘑菇只占少数。鬼笔鹅膏是致人死亡最多的蘑菇，因为它很容易与那些绿颜色的可食用红菇属菌或口蘑弄混。

覆盆子

鬼笔鹅膏

了解蘑菇

羊肚菌可食用，但是在波兰受到国家保护

每年，森林里有将近2 000万千克美味的蘑菇在等着我们采摘。经验丰富的蘑菇采摘者能够收集多达60种蘑菇！然而食品生产专家并不重视它们，因为新鲜的蘑菇中含有近90%的水分，并且蘑菇中维生素的含量不高。不过，蘑菇也有自己的特别之处，它们含有芳香化合物，因为这个特点，蘑菇吃起来十分美味且香气浓郁，特别是晒干后的蘑菇。这就是为什么夏天和秋天时，在波兰森林里活跃的不仅仅是种类繁多的蘑菇，还有大批蘑菇采摘者的原因。

知识小贴士

请记住，我们只能采集那些常见的蘑菇，其余的种类就让它们原封不动地在森林中生长吧，因为它们在森林中扮演着重要的角色，也是许多动物的食物。我们不能采摘那些受保护的蘑菇，这些蘑菇在波兰有近100种。

100

鹿花菌是不可食用的

绒状火菇是可食用的

牛肝菌可食用并且非常美味

识别蘑菇

表面上看识别蘑菇并不是很难，但是一些有毒的蘑菇与可食用的蘑菇看上去很相似。其实每个种类的蘑菇帽的形状、帽下的构造以及柄的形状都是不一样的。一些种类在按压拉伸后会掉色，如牛肝菌，也有些会产生独特的汁液，如松乳菇。因此对于经验不足的业余爱好者来说，拥有一本具有鲜艳色彩的蘑菇图集将会有很大的帮助。

当心外形相似的蘑菇

许多可食用的蘑菇都对应有与它外形相似的毒蘑菇。例如红菇属，特别是刚长出来的，就很容易与鬼笔鹅膏混淆。然而，它们的菌柄不像鬼笔鹅膏那样末端呈球状，而且菌柄上部也没有白色菌环。

鬼笔鹅膏

红菇属菌

如何避免蘑菇中毒

避免中毒的最简单的办法，就是只采摘我们认识的蘑菇。呈薄片状的蘑菇中唯有鸡油菌几乎不会与其他蘑菇弄混，而与它相似的只有具有细小柄部和深橙色伞盖的橙黄拟蜡伞，一些专家认为这些菌不能食用，而另一些专家认为只是味道不好。因此即使弄混这两种蘑菇也不会有太大的危险。

知识小贴士

最值得推荐的采摘蘑菇方法是，轻轻地把蘑菇从土地里旋转着拔出，这样可以减少对蘑菇下部的损坏。尽管这样做有些困难，但我们还是要在尽可能靠近地面的位置切断蘑菇。在把蘑菇放入篮子前，应该清理一下，把切掉的部分留在原地。

橙黄拟蜡伞

鸡油菌

也要留意可食用的蘑菇

即使是可食用蘑菇，也能引起中毒。把蘑菇放到塑料袋里是错误的，这样它们便会发酵腐烂，产生有害物质。收集蘑菇最好的容器是柳条筐。此外，对蘑菇烹饪不当也可能引起中毒。牛肝菌是少数可晒干后生吃的菌类。

注意：致命的毒菇！

大多数蘑菇中毒事件都是由这两种蘑菇造成的：鬼笔鹅膏（绿色）和鳞柄白鹅膏。这些剧毒蘑菇往往容易与红菇属蘑菇或是伞菌混淆。伞菌刚开始会有粉色和浅灰色的斑块，成熟一些会变成深褐色和藏蓝色，而毒菌的斑块则一直呈白色。

刚长出不久的鳞柄白鹅膏和伞菌很相似

我的森林最美味蘑菇排行榜

松茸

鸡油菌排名第一

排名第一的是鸡油菌，因为无论怎么烹饪它都十分美味；不管是炒，比如和鸡蛋一起炒，还是用调料腌制或炖。但如果把它晒干，味道就不如牛肝菌了。鸡油菌是鸡油菌属蘑菇的通用名称之一。从5月到11月，这种菌在不同类型的森林里都很常见。鸡油菌是带有直径7厘米左右伞帽的漏斗形蘑菇，杏黄色至淡黄色。鸡油菌无疑是波兰最重要的食用菌之一。

牛肝菌排名第二

牛肝菌属蘑菇，是我心目中的第二名。它的生长期从6月到10月，它们味道鲜美，适合以各种形式烹饪。在波兰，大约有20种牛肝菌属蘑菇。需要注意的是，在这个种类中也有不可食用的类型，例如红网牛肝菌。最有名的美味牛肝菌的菌帽直径可达25厘米，而被细网覆盖的柄，能有20厘米高。

红网牛肝菌（不可食用

鸡油菌，即鸡油菌属蘑菇

牛肝菌

松乳菇

知识小贴士

与松乳菇类似的是一种毒蘑菇——毛头乳菇，它每年8—10月生长在桦树下。它的菌帽具有"多毛"的特点，从菌体里会渗出白色的浆。

毛头乳菇

灰喇叭菌，别名灰号角

灰喇叭菌让我想起我妈妈包的饺子，用它做馅再加入一些洋葱，味道极好。我很乐意采摘它，因为它们成群地生长在鹅耳枥属植物、橡树和山毛榉树下。菌体是喇叭状，柄外部是灰色的，内部是黑色的。

松乳菇

黄油炒松乳菇是一道美味佳肴。最近我有机会在克雷尼察采摘松乳菇，我感觉这种秋天的习俗已经流淌在我的血液中了。松乳菇的菌帽呈美丽的赭色，有时带绿色。按压松乳菇的伞帽，手也会被染上青绿色，从折断的菌体中会流出橙色的浆。松乳菇生长在松树、云杉和冷杉旁。同样美味的还有淡黄乳菇和鲑色乳菇。

橙黄疣柄牛肝菌

我绕过生长在桦树下的芊胡子草，留意到了橙黄疣柄牛肝菌。橙黄疣柄牛肝菌也是一种十分好吃的蘑菇，春末时采摘。它们周围还经常生长着棕色菌帽的褐疣柄牛肝菌。褐疣柄牛肝菌属于牛肝菌科。

高大环柄菇，能做美味蘑菇猪排餐

高大环柄菇具有非常诱人的香味和口感。你可以把它和鸡蛋或面包屑一起煮，做成传统的猪排餐。高大环柄菇是一种很高的蘑菇，它有浅米色的菌帽，上面布满褐色斑点，看起来有点像毒蘑菇。

103

绿菇

当没有松乳菇时，我会用黄油炒的绿菇代替。但是我要提醒采摘蘑菇的新手们，绿菇可能会与鬼笔鹅膏弄混。

高大环柄菇

橙黄疣柄牛肝菌

绿菇

森林中的蜂箱

在森林昆虫中，生活井井有条的除了蚂蚁之外，最有名的要数蜜蜂了，很多人在森林蜂箱中养殖蜜蜂。蜜蜂在森林生态系统中的巨大作用就在于给花授粉。由于飞行在花与花之间，蜜蜂完成了交叉授粉，保证了植物个体之间的基因交流。

松树干上的蜂箱

树干上的蜂房养殖从16世纪开始盛行

收集蜜蜂带来的花粉、蜂蜜以及蜂蜡，给人们带来了可观的收益。养蜂人专门从事森林蜜蜂养殖。如今，从事这个行业的人已寥寥无几，但在16世纪养蜂行业处于鼎盛时期时，销售蜂蜜和蜂蜡的收入可与直接销售木材相媲美。

知识小贴士

在有些国家，养蜂人会把成群的蜜蜂安置在一个个事先在树上掏出的洞里，作为它们的巢，这个地方就称作蜂箱。用作蜂箱的树木一般选择健康高大的树木，最常用的是橡树和松树。养蜂在过去的几个世纪是颇有声望的职业，早在14世纪，这些带有蜂箱的树木就已经由王室颁布法律进行保护了。

养蜂业的回归

传统的养蜂业近来又回到了森林里，护林员开始与从乌拉尔巴什科尔托斯坦（这个地区的养蜂业仍是一项正在发展中的行业）来的蜂农合作。有了蜂农的帮助，波兰东北部地区的原始森林开展了传统"森林蜂箱养蜂"项目，这些地区包括：比亚沃韦扎、克内申、奥古斯图夫和皮斯卡。第一个野生蜂箱就安放在奥古斯图夫的奥古斯特森林。

蜂巢里的蜜蜂

圣十字山上的传统蜂箱

104

蜜蜂有两对由透明薄膜构成的翅膀。它有三对腿，用来收集从花上提取出来的花粉

民族志公园里的蜂箱

知识小贴士

即使在今天，在有着深厚养蜂传统的库尔皮尔或比亚韦谢察地区，还能够在森林里看到带有蜂箱的上了年纪的松树。后来，养蜂的方式变成了在田野或是果园养蜂，但还是能见到建在树里的蜂箱。

甘露蜜

甘露蜜是蜂蜜最常见的类型，通过蜜蜂提取植物花蜜酿造而成。椴树蜜呈淡淡的黄色，味微苦，喝椴树蜜被认为对治疗感冒和上呼吸道疾病有很大帮助。石楠花蜂蜜来自于9月盛开的石楠花，呈深琥珀色，能用来辅助治疗肾脏疾病和消化系统疾病。洋槐蜜，色浅，味微酸，对消化系统疾病的治疗有帮助。

蜜露蜂蜜

蜜露蜂蜜是另一类森林蜂蜜。蜜露是植物和昆虫，例如在树叶和树干间觅食的蚜虫的分泌物混合而成的一种甜味液体。蜜露由蜜蜂采集并用于生产蜂蜜。蜜露蜂蜜的颜色比甘露蜜深并带有轻微的深绿色。它的味道和气味都非常有特点。蜜露蜂蜜具有镇咳消炎的功能。

来自森林的药物

自古以来，人们就在大自然中寻找具有药用价值的物质，这些药物大部分来自于那些生长在我们附近的植物，也就是森林中，一些还被运用到现代医学中。据估计，人们使用的药用森林植物超过了50种。

椴树花

接骨木花

荨麻叶具有药用价值

荨麻

荨麻是最常用的药用植物之一。它含有的活性物质，被用于治疗尿道感染、皮肤疾病、贫血、肿瘤、腹泻和许多其他疾病。

知识小贴士

植物的医疗价值体现在它们所含的特定物质中，其中最重要的有生物碱、苷类、鞣质和各种芳香物质。它们对于制药行业来说价值非凡。需要注意的是，每种药用植物过量使用都会成为有毒物质！

有毒的欧亚瑞香果实

铃兰

这方面一个很好的例子是铃兰——一种极具药用价值的植物。它含有苷，这是治疗心脏病所需的物质。它红色球状的果实，看起来相当可口，却有剧毒。

欧洲赤松

欧洲赤松能分泌可杀菌的挥发性芳香物质，我们称之为精油。由于赤松的这种特质，森林空气中的致病细菌大约只有城市空气的70分之一。这种精油现在被广泛用于生产化妆品和药物。

知识小贴士

技术人员从一种不起眼的冰岛地衣中提取化学物质，制作出了能够祛痰、治疗感冒的药物。此外，心叶椴的花和椴树蜜也有相同的功效。

冰岛地衣

有毒的铃兰果实

名字中蕴含着什么？

植物的名称常来自于它们在医学和工业方面的用途，例如从一种小灌木中能够提取染料，人们就将它命名为染料木。

染料木

由染料木获得的制染料的原料

盛开的聚合草

聚合草

生长在潮湿的森林和沼泽中的聚合草，它的名字正如其药用功效。它的根是草药的原料。很早之前，人们就用带有聚合草的敷布来包裹伤口，治疗冻伤和骨折，因此该草得名"聚合"，并被归类为药用植物。

一团聚合草根

疗肺草

疗肺草

与民间医学有关系的还有疗肺草，它的名字表明该植物能够用于治疗有关肺的疾病。

107

知识小贴士

在森林里，我们能遇到很多不仅可以当药材，而且经常出现在我们厨房里的植物，我们可以称它们为森林蔬菜。它们具有独特的味道，可以搭配不同菜肴烹饪。除此之外，它们还是低热量并且富含矿物质的食物。生长在干净的自然环境中的它们，有丰富的营养价值。

森林蔬菜

西洋蒲公英和荨麻的嫩叶十分适合加入汤中。熊蒜与大蒜的特性很像，但它的味道更柔和，嫩叶可入汤、做调味汁和沙拉。一些森林植物应当用科学方法加以利用。比如立金花，又名驴蹄草，是有毒植物，但它的花芽腌制后可用作刺山柑花蕾（花蕾用醋腌制后可做香辣料）的替代品。还有欧活血丹和一些常见的森林植物，早春时，它们是做沙拉或农家干酪非常棒的材料，但早春过后，它们就会变得具有毒性。

西洋蒲公英的叶子适合做沙拉

熊蒜

注意！禁止入内！

每个人都有进入国家森林的权利，被限制的权利仅限于不大的范围内。关于这些限制，我想在这里向大家介绍。限制人们进入森林很大一部分原因是为了保护自然环境，还有就是出于对人们安全的考虑，因此，我们应该遵守这种限制规则。

请停步！不要进入幼苗区

最常见的是禁止进入高度在4米以下的树木的种植区。非特殊情况这些地方是不允许进入的。这样的限制是为了防止树苗遭到破坏。

请停步！禁止采种林分

永久限制通常用于禁止人们进入用于研究的林区去采种林分。这是为了保证科研人员能够更好地进行研究实验，另外就是为了保护森林的自然状态。

不要恐吓动物

我们有时会遇到禁止进入的动物保护区。写有禁语的警示牌通常挂在森林中那些容易到达的地方（通常都是湿地），以保证动物的平静生活。

破坏禁令的风险是什么？

如果乱入禁区遇到了护林员，我们可能会被警告甚至被罚款。更糟糕的是，如果进入了被风雪毁坏的林区，被树枝砸到，付出的就会是健康的代价。

飞机喷洒农药

危险的农药喷洒

现在，已经基本不用飞机喷洒农药来解决森林虫害的问题了，但在特殊情况下，可能还会采用这种方法。喷洒农药的地区也会禁止入内，禁止布告要准确说明喷洒的化学药品的喷洒范围和作用时间。

这样的地方也禁止进入

火灾的威胁

火灾威胁有时也是森林管理员发布禁令的原因。如果森林枯叶达到了一定数量，就会发布这样的禁令。因为干燥的落叶能够被很小的火星轻易点燃。这样的禁令，我们可以在森林入口处看到。

注意！断树危险！

被飓风刮断或积雪压断的树木，会对在森林里散步的人构成很大的威胁。在这种情况下，森林管理员会发布禁止进入树木受损区的告示。

砍伐期，禁止入内！

短期的禁令适用于砍伐树木时期，这是出于安全考虑。

不要在森林中乱扔垃圾

护林员基本上不会发布不准在森林里乱扔垃圾和破坏公共设施的禁令，因为违反这些规则的人，通常不会在意这些禁令。

森林教育

我小的时候，森林里没有那些供人随时学习知识的设施。幸运的是，如今森林里有了一条条用木头建造的小路，在这些路上会有一些介绍森林动植物知识的标牌，这使我们能够在森林中一边愉快地散步，一边了解森林知识。

在学习小道上

参观森林最常用的方式就是在学习小道上漫步。节假日时，建造在旅游区的小道会变得水泄不通。现在，几乎每个林区都建有学习小道，有些林区甚至建有好几条这样的小道。

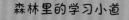

森林里的学习小道

搭着顶棚的美丽林间小屋

在波兰的森林中，我们发现了近6 000种不同的建筑，例如翻新的漂亮小屋，这些小屋或是护林员的住地，或是教育营地。此外，还有近500个带有顶棚的设施，人们可以在这里上课或者燃火堆烧烤。

林间课堂

森林教育是由国家森林来执行的，很受人们的欢迎。在"鲜活的实验室"中开讲的大自然课堂，比在学校长椅上上课更能吸引孩子们。目前，平均每年参加各种形式的森林教育的人数已超过150万！平均一个林区和19所学校建立了合作。

哥劳畴森林文化中心

传统教育

森林教育是波兰悠久的传统。对于它的起源可以追溯到1820年——杂志*Sylwan*问世时。今天这本杂志由波兰森林公会负责出版，在这个公会里工作着几千名护林员。

波兰全国联合会在大自然教育中扮演了重要角色，这个联合会由哥劳畴森林文化中心和考思翠卡森林基因银行组成。

植物园

最受欢迎的是树木研究园，即所谓的植物园。在那里，你不仅可以看到常见的树木，也能看到（尤其是在春天）最美丽的灌木丛和森林保护植物。

森林教育工作者

一些森林教育工作者从事森林知识的教学。他们都十分乐意把自己知道的知识传授给学生。他们也会和出版社、广播电台、电视台合作。

111

国家森林教育中心

教育门户网站越来越受欢迎，其中最有名的eRy（www.erys.pl）创建于波兰国家森林信息中心（CILP），它记录了每年数十万来自波兰全国各地互联网用户的浏览量。除了创建这个网站，CILP还出版了有关林业的杂志以及与森林有关的书籍和宣传材料。

森林导游网站

在波兰的国家森林里，坐落有4 500个左右的学习休闲中心、旅客休息区及狩猎区。这些区域的实时信息，可以在森林导游网站上找到。相关资料显示，在波兰每一个游客休闲地，几乎都能找到美丽温馨的森林小屋，这些小屋能使人暂时远离城市文明的喧嚣。

森林中这样的场景会给人留下深刻的印象

森林宣传综合区

森林宣传综合区，是
个有特殊自然教育价
的区域。这里可以有
个或几个森林稽查员
综合区的历史开始
1994年。目前，在波
的森林地图上可以找
25个这样的综合区，
积约120万公顷，其
的16%由国家森林管

包含大面积综合区的森林，即森林宣传综合区（LKP）是波兰最美丽的森林地区，也是护林员和科学家进行研究的地方。

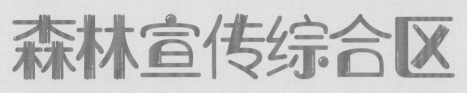

森林宣传综合区创建的目的

LKP最重要的一项任务是森林教育。这是使森林社会化的一个创新想法。不可否认，在这些综合区里有最好玩的生态教育中心和最美丽的学习小道。由于这些，森林宣传综合区成了人们走向并认识森林的一扇大门，它鼓励人们来到这里参观和探索。

LKP的多样性

LKP包括有很大自然价值和原始特点的地区，例如比亚沃维耶扎原始森林、山毛榉原始森林、哥劳畴森林、达尔什卢布斯卡原始森林、科切尼采原始森林，也包括被人类改造了的森林，例如博瑞卢布斯卡森林、博瑞图霍斯卡森林、戈斯蒂尼-弗沃茨瓦夫斯克森林、下西里西亚贝斯基德森林。LKP中拥有广阔林地面积的诺泰奇原始森林，在1992年被一场大火彻底烧毁。2002年，在LKP中的马祖尔森林，我们发现了飓风留下的痕迹。

LKP的诺泰奇原始森林

　　LKP的诺泰奇原始森林是波兰面积最大的松树林之一，占地137 000公顷，森林覆盖面延伸到了位于皮拉、波兹南和什切青的7个林业部门管辖的国家森林地区。它是蘑菇采摘者的天堂。

实验基地

　　对于科学家和护林员来说，LKP是一个实验基地，他们可以通过相关实验来管理和保护森林。我也参加了一个研究项目，任务是追踪全波兰范围内12个LKP的森林生态系统的变化。

LKP的马祖尔森林

LKP的马祖尔森林

　　马祖尔森林占地118 000公顷，位于国家森林在奥尔什丁和比亚韦斯托克的几个林业部门监管区内。LKP中还包括农业研究站与位于波佩来的动物科学学院。松树是这片地区的主要植物，这里还有曾经的皮斯卡原始森林和一个大湖区，这个湖区里的希尼亚尔德维湖和尼兹卡湖受到全面的保护。风景如画的克鲁提尼亚河也从这一区域流过，这片水域是皮划艇爱好者最喜爱的地方。

森林中的科研活动

在这里，还要再提一下我究竟是干什么的。另外，在波兰除了林业科学研究院，还有好几个机构正在进行有关森林和自然环境的调研活动，比如建在库尔尼克的树木研究所和环境保护研究所。

建在库尔尼克的植物园

树木研究所

在成熟的松树林中能看见小树苗

不同年龄不同种类的林分

与各学科之间的联系

森林养护和以下几个自然学科联系很紧密：植物学、植物生物学、基因学、土壤学、气象学以及社会生态学。

所有这些学科学院里都有开设，同时也会随着林业研究人员研究和实践的深入而加深授课的内容。另外，我们还需要掌握其他森林学科相关知识（林业经济、森林养护管理、了解树木增长数据的测树学、森林保护以及森林能发挥的作用等），这样才能完全掌握森林养护知识。

森林养护

我专职森林养护，毫不谦虚地说，这个学科在林业学科领域排名是数一数二的。森林养护的范围很广，包括探索森林动植物群以及它们之间的关系，开发和控制森林发展的方向，使我们拥有健康美丽的森林。养护森林还需要维持森林生态系统的稳定。

林分——被观察的对象

不难猜到我主要的观察对象就是林分，因为我的工作就是保护它们。木材是我工作的"最后成果"。

垂死的森林

森林养护和森林的用途

森林养护包括对有害昆虫、微生物以及消除它们的方法的研究，还有如何提高森林抵抗力。森林的用途，就是生产木材和非木材产品，也就是对森林养护效果的利用。

区域调查要持续很多年

要想完成调查，科研人员首先要在指定区域完成多项实验，只有这样，自然现象的观察结果才有一定的真实性。这是一个长期的过程——毕竟森林生长缓慢。有些经验总结下来需要很多年，这个调查也会一代一代地在调研人员中传承下去。我工作的研究院最早在1936年，就已经在比亚沃维耶扎原始森林建立了实验区，直到现在人们还在那里进行实验。我自己也不止一次在前辈们30年、40年甚至50年前建立的实验区采集测量数据。

源于实践的理论

有许多理论来源于护林员员林的实践。举个例子——多年来森林都在与群集害虫搏斗中，多亏了护林员的努力，抑制害虫有了新的办法，同时森林的抵抗力也增强了。但是，还有很多实验结果并不尽如人意，还需要长时间的努力。

林业研究所

多亏了所里的研究人员，建立森林火灾危险评估系统、有效改良荒地、卫生伐等事务才得以完成。林业研究所多年来的成果要一一列举需要很大的篇幅。2015年，林业研究所迎来了它85岁生日。这些年来，曾在研究所工作过的人员发表的科教科普文章数不胜数，我很欢迎各位读者浏览我们的官方主页（www.ibles.pl）。

诱捕松针毒蛾的装置

图书在版编目（CIP）数据

森林大百科 /（波）沃伊切赫·吉尔著；赵祯等译
. -- 成都：四川科学技术出版社，2020.10
（自然观察探索百科系列丛书 / 米琳主编）
ISBN 978-7-5364-9965-2

Ⅰ.①森… Ⅱ.①沃… ②赵… Ⅲ.①森林 – 儿童读
物 Ⅳ.① S7-49

中国版本图书馆 CIP 数据核字 (2020) 第 201608 号

自然观察探索百科系列丛书
森林大百科
ZIRAN GUANCHA TANSUO BAIKE XILIE CONGSHU
SENLIN DA BAIKE

著　　者　［波］沃伊切赫·吉尔
译　　者　赵　祯　袁卿子　许湘健
　　　　　张　蜜　白锌铜　吕淑涵

出 品 人　程佳月
责 任 编 辑　肖　伊
助 理 编 辑　陈　欣
特 约 编 辑　米　琳　郭　燕
装 帧 设 计　刘　朋　程　志
责 任 出 版　欧晓春
出 版 发 行　四川科学技术出版社
　　　　　　成都市槐树街2号 邮政编码：610031
　　　　　　官方微博：http://weibo.com/sckjcbs
　　　　　　官方微信公众号：sckjcbs
　　　　　　传真：028-87734035
成 品 尺 寸　230mm×260mm
印　　张　7.25
字　　数　145千
印　　刷　北京东方宝隆印刷有限公司
版次 / 印次　2021年1月第1版 / 2021年1月第1次印刷
定　　价　78.00元

ISBN 978-7-5364-9965-2

本社发行部邮购组地址：四川省成都市槐树街2号
电话：028-87734035　邮政编码：610031
版权所有　翻印必究